KB272505

이기적인 엄마가
아이를 잘 키운다

흔들리지 않는 엄마의 현명한 육아 철학

이기적인 엄마가 아이를 잘 키운다

김문경 지음

엄마의 마음부터
단단하게

　서른아홉 해를 살아오며 나는 처음으로 '최악의 나'를 마주했다. 볼품없고 초라한 나 자신을 발견한 순간 그대로 무너져버렸고, 그 바닥에서 삶은 조금씩 다른 방향으로 움직이기 시작했다. 결혼은 무의식이 학습한 결과였고 임신과 출산은 당연한 수순이라 여겼다. 하지만 결과는 처참했다. 연년생 독박 육아, 아이의 애착 형성에 가장 중요하다고들 말하는 0~3세까지의 시간을 통과하며 내 멘탈과 자존감은 롤러코스터처럼 빠르게 곤두박질쳤다.

　아이를 잘 키우고 싶은 마음은 부모라면 너무도 당연한 것이지만 어디서도 그 방법을 배운 적은 없다. 자발적으로 책을 찾아 읽고 강의를 듣는 노력을 기울여 정보를 수집한다.

그런데 그것들이 언젠가부터 엄마들에게 채점표처럼 다가온다는 생각이 들었다. 모든 것에 기준이 있어야 하는 것은 사실이지만 그 기준에 맞추지 못한다고 해서 틀린 것은 아니다. 아이를 잘 키우는 데 도움을 주기 위해 나온 책들이 가끔은 아군인지 적군인지 구분이 되지 않을 때가 있다. 그런 책이 말하는 기준에서 벗어나 나만의 기준과 중심을 잡는 것이 중요하다.

아이 출산 후 100일이 채 되지 않았던 어느 날 아침 침대에서 몸을 일으켜 일어서려는데 그럴 수가 없었다. 다리가 내 맘대로 되지 않았다. 스스로 일어날 수 없었기에 기어가서 문고리를 부여잡고 일어나 벽을 짚어가며 걸었다. 그야말로 패닉이었다. 무언가를 잡고 있지 않으면 서 있을 수 없었기에 아이를 안아줄 수도 없었다. 덜컥 겁이 났다. 엄마인 내가 해야 할 일들이 머릿속을 빠르게 스쳐 지나갔다.

첫아이를 출산하고 육아에 나를 100퍼센트 갈아 넣어 그야말로 '닥치고 육아 모드'로 살았던 1년 동안 나는 완전히 망가졌다. 나를 돌보지 않은 채 아이에게만 집중했던 결과였다. 아이를 품은 산모였던 나를 돌보는 시간을 갖지 않은 대가는 혹독했다.

직접 경험하는 것만큼 강력한 것은 없다. 그때의 경험은 내게 너무나도 충격적이었고, 다른 엄마들이 나와 같은 어려움을 겪지 않았으면 하는 마음으로 내가 나눌 수 있는 모든 것을 이 책에 담았다. 핵심은 육아에 있어 엄마인 나부터 제대로 돌보고 있는지 점검해야 한다는 것이다. 엄마의 뿌리가 단단하고 건강하면 아이와 가정은 자연스럽게 튼튼하게 잘 자란다는 것을 나는 경험으로 알게 되었다.

"아이보다 나 자신이 먼저라고 말하면 이기적으로 보일까 봐 걱정돼요."

"아이만 잘 키우면 된다고 배웠어요."

"육아를 잘못하고 있는 것 같을 땐 죄책감이 들어요."

이 책은 육아로 번아웃을 겪고 있는 엄마, 정답 없는 문제집을 받아 든 것 같은 하루를 힘겹게 버텨내는 엄마, 육아를 잘못하고 있는 것 같아 죄책감에 시달리는 엄마에게 건네는 기록이다. 늦은 나이에 출산과 육아를 경험하며 망가진 몸과 가라앉은 마음, 작아져만 가는 나 자신을 방치한 시간에 대한 솔직한 후회이기도 하다. 아이만 바라보고 온 힘을 쏟았을 때 나타나는 모든 부정적인 결과는 결국 가장 사랑하는 아이에게 고스란히 전달된다는 사실을 나는 뒤늦게 깨달았다.

엄마인 나를 방치한 채 아이를 잘 키울 방법은 없다. 시대가 바뀐 만큼 육아도 달라져야 한다. 더 이상 희생과 헌신만이 답일 수는 없다. 부모 노릇을 희생이라 착각해 자신의 인생과 아이의 인생을 함께 어렵게 만드는 일은 이제 멈춰야 한다. 나라는 사람의

　　　　　　　　　　　　　　　이기적인 엄마가 아이를 잘 키운다

정체성은 엄마이기 이전에 나 자신이며, 그 삶 속에 아이가 함께 존재한다. 그러니 지금부터라도 첫 단추를 다시 채워 나를 제대로 돌보는 일부터 시작해야 한다.

이 책은 아이를 키우는 엄마의 육아 이야기이자, 엄마가 되어서야 비로소 스스로를 돌아보기 시작한 한 사람의 성장 이야기다.

2026년 봄의 초입에서
김문경

차례

1장

육아 시작 전 알아야 할
불편한 진실

아이만 잘 키우면 될 줄 알았는데 나도 함께 커야 하더라

나는 비혼주의자는 아니었지만 제대로 어른이 되었는지에 대한 확신이 없었고, 결혼에 대한 무게감과 아이를 낳아 키운다는 것에서 느껴지는 책임감을 감당할 자신이 없었다. 그래서 30대 후반이 될 때까지 단 한 번도 결혼을 생각해본 적이 없었다. 성인이 되고 어느 정도 나이가 되면 누구나 듣게 되는 질문이 바로 결혼에 대한 것이다.

"너는 결혼은 안 할 거니? 만나는 사람도 없어?"

"너 지금 당장 결혼하고 애를 낳아도 초등학교 입학할 때면 네 나이가 50이 넘어."

"나이 더 들기 전에 빨리 결혼해!"

다들 한 번쯤은 들어본 적 있는 말이 아닐까? 요즘 세대에게 결혼은 필수가 아닌 선택이 되어가는 추세이지만 그래도 여전히 결혼이 뜨거운 관심사인 것은 분명하다. 결혼을 하고 아이를 낳는 것이 당연한 절차인 것같이 이야기한다. 그러나 정작 아이를 낳았을 때 아이 젖먹이는 방법, 기저귀 가는 방법 같은 가장 기본적인 것부터 아이를 어떻게 키우면 되는지에 관한 이야기를 해주는 사람은 별로 없다. 대부분 막연하게 주변에서 들어서 알거나 부모님이 나를 키우던 시절 이야기를 들은 게 육아 정보의 전부다. 조리원에 들어가 하나씩 배우기 전까지는 예비 엄마, 아빠 스스로 임신, 출산 관련 책을 찾아보거나 강의를 듣거나 유튜브를 통해서 정보를 접하는 게 처음일 것이다.

'아이는 사랑하려고 낳는 것'이라는 말을 어느 책에선가 읽은 적이 있다. 공감이 되면서도 사랑에 대한 해석은 사람마다 다를 수 있기에 반은 맞고 반은 틀린 표현이라 생각했다. 생명을 키우는 일은 상상 이상으로 엄청난 책임감이 필요하다. 육아는 실전이다. 아기가 태어나는 순간 육아가 시작되니까. 아이를 낳고 키우는 것은 단순히 부모가 아이를 돌보는 행위에 그치지 않는다. 육아는 엄마와 아빠가 새로운 역할을 배우고, 스스로도 성장해야 하는 여정이다. 초보 부모가 흔히 하는 오해 중 하나는 아이만 잘 돌보면 된다는 생각이다. 어르신들이 이런 당부의 말들을 많이 하시는 탓일 수도 있다. 하지만 사실은 그렇지 않다.

 이기적인 엄마가 아이를 잘 키운다

‘조카 바보’라고 불릴 만큼 아이들을 예뻐하고 잘 돌보는 친구가 있었다. 그 친구가 아이를 낳으면 누구보다 잘 키울 거라고 주변 사람들 모두 그렇게 생각했다. 그런데 그 친구조차도 막상 육아를 시작하고 몇 년은 아주 힘든 시간을 보냈다는 것이다.

“남의 아이 봐주는 거랑 내 아이 키우는 건 전혀 다른 일이야. 와! 내가 이럴 줄은 몰랐어, 진짜!”

가끔 통화할 때면 친구도 자신의 모습이 당황스럽다는 듯 스스로에게 놀란 사실을 늘어놓기 바빴다.

“아이가 태어나고 나서부터 사람이 변하더라고요.”

그 친구의 남편이 했던 말이다. 엄마 혹은 아빠가, 아이가 태어나기 전의 모습과 달리 좋지 않은 방향으로 변하는 경우를 주변에서 볼 때가 있다. 임신과 출산은 그야말로 기쁘고, 행복한 일이다. 그런데 아이가 태어나서 느껴야 할 행복이 괴로움으로 바뀌는 이유는 뭘까? 준비없이 그저 낳아서 잘 키우면 된다는 단순한 생각 때문이다. 부모가 된다는 것은 상상 이상으로 많은 것들을 달라지게 만든다. 귀엽고 사랑스러운 아이를 잘 키워서 행복한 가정을 만들고 싶다면 반드시 구체적인 계획이 있어야 한다.

==육아는 엄마 스스로도 성장할 수 있는 절호의 기회다. 아이만 잘 키우면 된다는 막연한 생각에서 벗어나, 아이와 함께 성장하는 것이 얼마나 중요한지를 알고 육아의 세계로 입장해야 한다.==

그래서 출산과 육아는 ‘언젠가 자연스럽게 하게 되는 일’이 아

니라, 스스로에게 끊임없이 질문하고 준비해야 하는 선택이어야
한다. 아이를 낳는다는 것은 한 생명을 책임지는 동시에, 이전의
나를 내려놓고 새로운 어른으로 성장해가는 과정이기 때문이다.
완벽한 부모가 될 필요는 없지만, 적어도 함께 배우고 변화할 준
비는 필요하다. 그 준비가 되어야 비로소 육아가 버거운 짐이 아
니라 아이와 나를 함께 키워가는 의미 있는 여정이 될 것이다.

엄마의 체력이
곧 육아의 힘

우리나라의 저출산 원인으로 많은 전문가들은 주거 문제, 혼인건수 감소, 양육의 어려움과 경제적 문제 등을 꼽는다. 그중에서도 양육에 대한 두려움이 가장 큰 원인이라 생각된다. 경제적인 것은 물론이고 늦은 나이에 결혼으로 인해 아이를 키우는 데 들어가는 물리적인 시간에 대한 걱정이다. 부모가 될 자신들의 체력을 고려하지 않을 수가 없으니 말이다. 나도 체력을 걱정했지만 정작 임신 후 아이를 키우려면 뭘 준비해야 될지 생각했을 때 그 어떤 것보다 필요한 육아 용품들을 가장 먼저 떠올렸었다. '육아는 템빨'이는 말이 있을 정도라 그런 생각이 드는 건 너무도 당연했다.

그러나 정말 중요한 건 그게 아니었다. 아이는 갓 세상에 태어나 돌봄이 너무도 필요한 연약한 존재다. 동시에 엄마가 되는 과정을 거치느라 몸이 많은 변화를 겪은 산모들 역시 약해진 몸을 돌보아야 한다. 육아는 장기전이다. 마치 마라톤과 같기에 엄마의 건강을 생각하지 않을 수 없다. 요즘은 출산연령 또한 높아지는 추세다 보니 엄마들의 체력은 무엇보다 중요하게 여겨진다. 아이를 키우면서 체력이 떨어진다는 말은 주변에서 심심치 않게 듣는다. 나 역시 육아를 하는 동안 체력이 무너져 아찔함을 경험했던 한 사람으로서 누구보다 그 중요성을 강조하게 된다.

고대 철학자 탈레스는 '건강은 행복의 기초'라고 말하며 건강한 삶을 강조했다. 육아는 체력적 소모가 크므로 부모의 신체적 건강을 유지하는 것이 아이의 행복과도 직접적으로 연결될 것이다.

보통 임신을 했을 때는 산모인 자신의 몸을 챙기고 컨디션 관리도 신경을 쓴다. 그러나 아이가 태어나면 엄마 자신보다는 아이가 최우선 순위가 되어 엄마의 건강은 소홀해지기 마련이다. '육아 체력'이라고 하면 단순히 '힘이 세다, 몸이 튼튼하다'는 의미와는 다르다. 아기를 돌볼 때는 아이를 안아줄 근력과 지구력이 필수다. 밤낮없이 아이를 보살피는 생활 패턴에 적응하는 것과 아이의 요구에 즉각적으로 반응할 수 있는 민첩함까지 포함된다.

예를 들어, 수유를 하기 위해 새벽에 여러 번 깨는 것만 해도 체력이 약하면 버티기 힘들다. 수유나 기저귀 갈기 같은 기본 루틴만으로도 체력이 바닥날 수 있다. 엄마도 사람인지라 아무리 작은 아이라 하더라도 계속 안아주고 달래는 것은 신체적으로 부담일 수밖에 없다.

그러면 사소한 일에도 짜증이 늘거나 침착하게 대처하기도 어려워진다. 감정 기복이 심해지고, 우울감이나 무기력함이 찾아오기도 한다. 결국 체력이 육아 전반에 영향을 줄 수밖에 없다.

어느 날 아침, 잠에서 깨 침대에서 일어서려는데 무릎에 마비라도 온 것처럼 내 의지대로 움직여지지 않았었다. 너무 당황스러웠고 바닥을 짚고 기어서 문고리를 붙잡고 겨우 일어났지만 그냥 서 있기조차 힘들 만큼 무릎의 통증과 함께 힘이 들어가지 않았다. 태어난 지 100일도 안 된 아이와 단둘이 하루 종일 함께 지내던 시절이었기에 눈앞이 캄캄해지고, 머릿속이 복잡해졌다. 병원에서 검사를 하고, 진료를 봤을 당시 의사선생님과의 대화에서 뒤통수 한 대 맞은 느낌이었다.

"선생님, 일어서기도 힘들고 서 있기도 힘든데 갑자기 왜 이렇죠?"

"출산을 하고 몸이 다 회복되지 않았지만 조금씩이라도 운동을 하셔야겠어요. 근력이 거의 없으셔서 이 생활을 버티기가 쉽지 않으실 겁니다. 우선 치료 잘 받으시고, 약도 잘 챙겨 드세요!"

"선생님, 제가 지금 수유 중이라 약을 먹을 수가 없는데요?"

"엄마가 건강해야죠! 지금 수유를 걱정하실 때가 아니라 몸부터 챙기셔야 해요. 절대 무거운 물건을 들거나 무리하시면 안 됩니다. 아이도 좀 덜 안으셔야 해요."

너무도 당연한 이야기를 들으니 헛웃음만 나왔다.

'무거운 물건을 들지 말라고? 아이를 덜 안아주라고? 그러면 우리 아이는 누가 돌봐주지?'

당장 내 앞에 닥친 문제 상황에서 냉정해질 수밖에 없었다. 왜 이런지 원인을 물어봤을 때 출산으로 인해 정확한 원인은 알 수 없다고 했지만 나는 그 원인을 알 것 같았다.

나는 출산 이후 스스로를 방치했다. 아이를 키우는데 나를 위한 운동은 사치라 생각했고, 굳이 할 필요성도 못 느낀 탓에 나를 돌보지 않았던 것에 대한 대가라고 느껴졌다. 병원에서는 출산으로 인한 호르몬 작용과 면역력 저하에 근력 부족으로 생긴 증상일 것 같으니 치료하고 약을 먹어야 한다고 했다. 그러면서 운동을 반드시 하라는 당부도 잊지 않으셨다. 체력을 키우지 않으면 또다시 병원을 찾게 될 거라는 무서운 경고도 함께 들을 수밖에 없었다.

이것은 나만의 문제가 아니라 아이를 낳은 모든 엄마들의 가장 큰 고민일 것이다. 온라인 육아 카페나 커뮤니티에서도 육아 체력의 중요성을 느낀다는 말들은 끊임없이 나오는 단골 주제다. 체력이냐 정신력이냐 어느 쪽이 더 중요한지를 묻는 사람들도 있는데 단연 임신과 출산을 거친 이후라면 체력이 중요하다는 의견들이 월등히 앞선다. 내 의견도 그와 같다. 아이가 조금 성장한 이후라면 아이와의 관계에서 엄마의 정신력이 중요할 것이다. 그러나 영유아 시기엔 무엇보다 체력, 엄마의 육아 체력이 필수다.

많은 전문가가 육아의 핵심은 '엄마가 일관된 태도를 유지하는 것'
이라고 말한다. 나도 직접 겪어보고 주변의 다른 엄마들을 보며 얻은
교훈이 있다. 엄마의 체력이 좋으면 육아를 할 때 일관된 태도를 유지
하는 힘이 강해진다는 것이다. 아이들은 끊임없이 질문하고 엄마에
게 무언가를 요구한다. 이때 체력이 좋은 엄마는 아이들이 하는 행동
하나하나에 다 반응해주며 칭찬과 격려, 공감과 사랑을 표현해주는
게 훨씬 쉬워진다.

그러나 엄마의 체력과 컨디션이 안 좋다면 별거 아닌 것에도 예민
하게 반응하거나 귀찮아하게 된다. 아이를 대하는 태도에 온도차가
생기고 결국 육아가 엉켜버린다. 엄마가 지쳐 있으면 아이도 그 분위
기를 금세 느끼고 영향을 받는다. 결국 엄마의 기분과 컨디션을 챙기
는 일이 아이에게도 이로운 길이라는 사실을 기억해야 한다.

엄마들의 육아 체력을 키워주는 간단한 운동

1. 가벼운 유산소 운동

2. 하루 10분 스트레칭

3. 케겔 운동 같은 골반저근 운동

4. 플랭크, 윗몸일으키기 같은 코어 강화 운동

5. 스쿼트, 런지 같은 하체 운동

6. 수영, 아쿠아로빅

7. 요가, 필라테스

위 목록을 보고 벌써 '운동이 좋은 건 알지만 할 시간이 어디 있어?' 이런 생각이 들 것이다. 나도 한순간 일어서지 못하는 상황을 만나기 전에는 몰랐었다. 당장 닥쳐온 육아 현실 앞에 아이를 키우는 것만으로 정신이 없었기에 운동은 사치라고 생각했었다. 그러나 돌이켜보니 스스로를 챙겨야 할 이유를 못 느꼈을 뿐이었다. 운동할 시간이 없다는 건 핑계였다. 하루를 쪼개어보았을 때 나를 위한 시간이 10분이든 1시간이든 늘 존재했지만 다른 것을 하느라 흘려보냈었다.

집을 정리하고 아이를 챙기고 돌보는 시간 이외에 핸드폰을 들여다보며 흘려보내는 시간은 누구나 있을 것이다. 이제 그런 시간이 생긴다면 간단하게라도 운동을 해보자. 아이를 잘 키우고 싶은 마음이 있다면 엄마의 건강한 신체와 마음을 준비하는데 집중해야 한다. 그러면 아이에게도 그 에너지가 고스란히 전해져 긍정의 효과는 배가 될 것이다. 아이를 잘 키우고 싶어서 아무리 많은 책을 읽고 공부해도 엄마가 무너지면 아무런 소용이 없다.

나 역시 출산 전까지는 크게 아픈 곳도 없고 체격에 비해 힘이 약하지도 않았기에 어느 정도 자신감이 있었다. 그럼에도 불구하고 임신과 출산으로 인해 마주한 몸의 변화와 체력의 한계는 별개의 일이었다. 아이가 커갈수록 엄마들의 체력은 더 많이 고갈될 것이다. 그것을 대비하지 않는다면 체력이 떨어졌을 때 또 다른 난관이 기다릴 수 있다. 바로 우울감과 무기력증이다.

몸이 망가지면 마음도 함께 망가지는 건 어쩌면 당연한 이야기다. 그러면 더 큰 어려움으로 힘들어지는 악순환이 반복되는 꼴이 되어버린다. 특별히 헬스장을 가고 필라테스를 하며 돈을 써서 하는 거창한 운동이 아니어도 된다. 10분 정도 스트레칭을 하거나 짧은 운동을 하는 것만으로도 충분하다. 요즘에는 집에서 늘 손에 쥐고 있는 핸드폰으로 운동 영상을 쉽게 찾을 수도 있다.

미국 최고의 자기 계발 전문가인 제임스 클리어(James Clear)는 『아주 작은 습관의 힘』이라는 책에서 습관을 만들기 위한 4가지 법칙을 강조한다. 모든 습관은 분명하고, 매력적이고, 쉽고, 만족스러워야 한다는 것이다. 체력을 기르기 위해 많은 시간을 들여서 거창한 것을 실천하고 행동해야 하는 것이 아니라는 것을 기억했으면 한다. 특별히 긴 시간을 내서 운동을 해야 된다는 생각부터 버리면 된다. 단 10분이라도 매일 꾸준히 하면 된다. 육아 체력이 달려서 일관된 태도를 유지하는 게 힘들다면 지금부터라도 앞에서 소개한 '엄마들의 육아 체력을 키워주는 간단한 운동' 중 하나를 골라 실천해보았으면 좋겠다.

엄마들의 기본 체력을 기르는 가장 좋은 방법은 무리하지 않고, 꾸준하게, 내 몸 상태를 주기적으로 점검하며 운동하고 건강한 생활습관을 만들어가는 것이다. 걷기, 골반저근 운동, 가벼운 요가나 필라테스, 수영은 관절 부담이 비교적 적으면서도 전신 체력을 골고루 길러줄 수 있는 대표적인 산후운동이다. 출산 후 가

벼운 유산소 운동이나 코어 강화 운동, 골반저근 운동은 전문기관
에서도 권장한다. 수영은 출산 후 여성의 심폐지구력 향상, 체중
조절, 관절 부담 완화 등에 도움을 준다. 요가는 산후 회복과 더불
어 정신적 안정, 우울증 개선, 체력 회복에 도움을 준다는 연구 결
과도 다수 존재한다.

바깥에 나갈 여력이 되지 않는다면 집에서 간단한 운동이라도
꾸준히 병행하면 된다. 그렇게 짧은 시간이라도 매일 꾸준히 하다
보면 어느새 탄탄한 육아체력을 갖추게 되어 일상에서 훨씬 더 긍
정적인 에너지를 느끼게 될 것이다. WHO의 연구에 따르면, 적절
한 운동은 스트레스를 줄이고 긍정적인 정서를 증가시켜 육아 피
로를 완화할 수 있다고 한다.

건강한 육체에 건강한 정신이 깃든다.

고대 로마의 시인 데키무스 유니우스 유베날리스의 말이다. 나
또한 체력 하나만 달라져도 인생의 많은 것들이 변한다는 것을 직
접 경험해본 사람으로서 자신 있게 이야기할 수 있다. 다른 누군
가를 위해서가 아니라 스스로를 위해서 꼭 운동을 시작하길 바란
다. 나를 위해 체력을 기르다 보면 더불어 내 아이가 건강하고 바
르게 키울 수 있는 육아의 기본을 지키는 힘도 자연스레 생겨날
것이다.

   이기적인 엄마가 아이를 잘 키운다

육아가 힘든 건
당연하다

처음 아이를 낳아 기르다 보면, 밤낮 없이 이어지는 수유와 기저귀 갈이, 잠투정에 붙들려 자신의 삶이 송두리째 뒤바뀌었다는 사실을 실감하게 된다. 그러다 어느 순간 '왜 이렇게 힘들까? 내가 뭘 잘못하고 있나? 내가 부족해서 그런가?' 하고 자책하기 쉽다. 그러나 결론부터 말하자면, 육아는 원래 힘들고, 어려운 것이다. 이는 결코 엄마가 부족해서가 아니다. 한 생명을 키워내는 것이 쉽다면 그게 더 이상하지 않은가? 육아를 어렵게 만드는 데에는 여러 가지 이유가 있다. 엄마로서 느끼는 끊임없는 책임과 재정적 문제 그리고 스스로 느끼는 체력적 한계도 영향을 준다.

아이가 태어난 이후 엄마의 일상은 아이에게 맞추어 돌아갈 수밖에 없다. 아침에 일어나 한가롭게 커피를 마시던 여유는 사라지고, 하루 종일 아이 곁을 맴돌며 앉을 틈도 없이 움직여야 하는 게 현실이다. 이 새로운 생활 패턴에 적응하는 것만으로도 이미 큰 에너지가 들어간다.

육아를 하다 보면 매일매일 내가 엄마로서 별로인 사람인 걸 확인하게 된다. 보고 싶지 않은 나의 가장 못난 모습을 마주해야 할 때가 육아가 힘겨워지는 지점이다. 나 역시 첫 아이를 독박 육아하며 30여 년 동안 알지 못했던 나의 낯선 모습들과 매일 마주하고 좌절감을 맛보았던 때가 있었다. 주변의 다른 엄마들 이야기를 들어보아도 모두가 약속이나 한 듯 자기 탓을 하고 있었다.

빅데이터 전문가 송길영은 "아이 키울 때 엄마의 생각 중 부정적 단어가 80퍼센트"일 정도라며 "육아는 희생이 맞다"고 했다. 엄마에게는 모성애가 있기에 육아가 당연하다고 생각하는 것은 폭력이며, 육아가 원래 힘든 것인데 그걸 넘을 정도로 각오가 있는 것은 숭고한 것이라는 걸 알아줘야 한다고 이야기했다.

그만큼 아이를 키우는 일은 중노동에 가깝다. 아무런 대가도 없이 희생만 해야 하는 일이기에 결코 쉬운 일이 아니다. 어린아이라고 해도 저마다의 성격과 필요한 것에 대한 욕구를 가진 독특한 개인이기 때문에 육아가 어려울 수밖에 없다. 정석처럼 보이는 육아 이론이 내 아이에게는 전혀 통하지 않을 때가 더 많은 게 현실이다. 이 아이에게 효과가 있는 것이 다른 아이에게는 효과가

   이기적인 엄마가 아이를 잘 키운다

없을 수도 있다. 내 아이에게 맞는 육아법을 찾는 것부터가 쉽지 않다 보니 육아가 어렵게 느껴지고 엄마들은 힘겨워한다.

우리는 대부분 눈으로 보는 것이 전부라고 생각한다. 하지만 아이를 키울 때는 눈에 보이지 않는 것에 더 집중해 찾아내고, 발견해야 할 때가 있다. 아이가 운다면 어딘가 불편함을 느꼈기 때문에 반응하는 행동의 결과가 눈물로 나타난 것이다. 그런데 대부분 운다는 것에 집중해 그 울음을 그치는 데에만 초점을 맞추고 해결책을 찾는다. 하지만 육아는 보물찾기와 비슷하다. 내 눈에 보이지 않는 그것을 알아차리고 찾아내야 하기 때문이다.

여러 번 말하지만 육아는 분명 쉽지 않다. 그리고 그것은 결코 엄마의 부족함 때문이 아니다. '왜 이렇게 힘들지?'라는 생각이 들면 "육아는 당연히 힘든 거야. 내 탓이 아니야. 나아질 거야. 조금씩 나아지고 있어." 하며 스스로를 다독여주자. 그리고 무엇과도 바꿀 수 없는 소중한 존재인 내 아이가 성장을 지켜보는 순간이라는 것을 기억하자. 언젠가 지금의 힘든 시간을 돌아봤을 때 "아, 정말 정신없고 고됐지만 그만큼 보람 있었지." 하고 미소 짓게 될 것이다. 그것만으로도 아이에게 한결 여유로운 웃음을 지어줄 힘이 생긴다.

아이를 키우는 과정에서 엄마는 내가 지금 얼마나 힘든지, 어떻게 하면 조금 더 수월하게 육아할 수 있을지를 고민해봐야 한다. 육아에 정답은 없다. 내 아이와 나에게 맞는 답을 찾아가야 한다. 물론 결코 쉬운 일은 아니다. 엄마 스스로 감당할 수 있는 범위의 한계선을 찾아 어려움을 극복 할 수 있는 방법을 마련해둔다면 어제보다 한 걸음은 나아간 자신을 발견하는 기쁨을 맛보게 될 것이다.

나 또한 온몸으로 부딪쳐가면서 하나씩 배웠고, 어느새 '아, 이럴 땐 이렇게 하면 좀 낫구나!' 하는 요령이 생겼다. 물론 지금도 완벽하다고 말할 순 없다. 그럼에도 달라진 점이 있다면, 이제는 '내가 부족해서'라고 자책하며 스스로를 괴롭히고 그 괴로운 마음으로 아이를 대하지 않는다는 것이다. 육아가 원래 이런 것이고 또 다른 방법을 생각해보면 된다고 나 스스로 마음을 돌리는 연습이 익숙해졌다.

요즘은 블로그나 SNS를 통해 너무도 쉽게 다른 사람들의 생활을 공유받는다. 누구는 한 달 만에 아이 통잠 재우기에 성공했다거나, 또 누구는 출산하고 한 달 만에 예전 몸매를 회복했다는 얘기들을 보고 듣게 된다. 이런 이야기들을 들을수록, 나는 왜 못하는가에 더 깊숙이 빠져들어 자책은 심해진다.

그러나 달콤한 일상을 누리는 듯 보이는 사람들도 나와 크게 다르지 않다는 것을 알아야 한다. 지금 내가 겪는 고단함은 육아의 본질적인 어려움에서 비롯된 것이다. 아이를 기른다는 건 원래 쉽지 않은 일이며, 그래서 힘든 것이지 내가 잘못해서가 결코 아니란 것을 기억하자.

못난 엄마는 없다

아이를 처음 낳아 기르는 과정에서 초보 엄마가 능숙할 수는 없다. 아이를 가진 순간부터 엄마들은 각종 서적과 정보들을 검색해서 배우고 준비한다. 글로 배우는 육아의 길로 접어든 것이라 시행착오를 겪는 것은 어쩌면 당연한 일이다. 사회 초년생이 첫 직장에 들어가 이런저런 실수들을 경험하며 성장해가는 것은 너무도 당연하지 않은가? 엄마도 마찬가지다. 아이를 낳는 것도 처음 겪는 일이다. 그러니 키우는 일 또한 서툴 수밖에 없다.

처음 일을 시작하는 사회 초년생에게는 함께하는 동료나 사수가 있다. 혼자 일을 하는 게 아니다. 함께 성과를 내기 위한 전략을 짜고 성공시키기 위해 애쓸 사람들이 있다. 그런데 육아는 대개 한 사람, 특히 엄마에게 책임과 일이 집중된다. 누구의 도움도 없이 약간의 정보만 가지고 혼자서 수년간 고군분투해야 한다.

나 역시 서른아홉에 첫 출산을 하고 책이며 산모교실이며 여기저기서 보고 배우며 준비했었다. 하지만 이론과 실전은 차이가 있었다. 2월에 출산했음에도 한여름처럼 등줄기 땀이 흐르는 순간들의 연속이었다. 첫째 출산 후 조리원에서 나와 집으로 온 첫날 밤, 자야 할 시간이 한참 지났는데 침대에 내려놓기만 하면 우는 아이 때문에 안고 달래고 재우느라 단 1분도 자지 못했다. 그렇게 꼬박 열 시간 남짓 아이를 안고 있으면서 너무 졸려 선 채로 깜박 졸았다. 그 순간 안고 있던 아이를 떨어뜨릴 뻔했다는 생각에 놀라 소스라쳤던 것이 지금도 생생하다. 그야말로 온몸에 소름이 돋을 정도로 아찔했다. 아이가 태어나 첫 예방 접종을 하고 접종열로 열패치를 붙여놓고 물수건으로 닦여가며 혹시라도 문제가 생기진 않을까 마음 졸였던 순간들도 마찬가지다. 그 순간엔 그저 미안함과 나의 부족함만이 부풀어 올랐었다.

엄마 역할이 처음이니 부족한 것은 당연하다. 그러니 스스로 위축될 필요는 없다. 헐리우드 배우 앤 해서웨이(Anne Hathaway)는 한 인터뷰에서 첫 아이를 키우며 완벽한 엄마가 되려고 노력했지만, 오히려 번아웃이 왔다고 고백한 적이 있다. 이후 자신을 용서하고 실수를 인정하며 육아가 편해졌다고 한다.

영국에서 엄마 2,000명을 대상으로 한 설문조사에서는 87퍼센

 이기적인 엄마가 아이를 잘 키운다

트가 '아이를 키우는 과정에서 미안함을 느낀 적이 있다'고 답했다. 이 중 21퍼센트는 '거의 항상 죄책감을 느끼고 있다'고 답한 것으로 나타났다. 영미권에는 '엄마의 죄책감(Mom Guilt)'이라는 표현이 있다. 이는 엄마들이 자신의 역할과 선택에 대해 불안해하고 죄책감을 느끼는 감정을 말한다. 아이들에 대한 무한한 사랑과 책임감에서 비롯된 감정일 것이다. 아이에게 충분히 신경 쓰지 못하거나 충분한 시간을 할애하지 못하는 것에 대한 불안감, 엄마로서의 역할을 잘 수행하지 못하는 것은 아닌지 스스로를 의심하는 감정들이 포함된 것이다. 우리나라 엄마들 역시 아이들에게 느끼는 죄책감이라면 그 어느 나라에도 뒤처지지 않는다.

자책하는 것은 나의 자존감만 깎아내릴 뿐이다. 처음이니까 서툴다는 것은 인정하되 적극적으로 알아가고 배우면 된다. 엄마도 실수를 할 수 있다는 관대함이 필요하다. 출산을 하고 나서 깜박 잊어버리거나 잘못 이야기를 하거나 인내심을 잃고 흔들리기도 한다. 그렇다고 해서 문제가 있다는 것을 의미하지는 않는다.

쓸데없이 미안하다는 표현을 자주 사용하는 것을 피하라. 내가 못난 엄마인 듯해서, 나로 인해 아이가 고생하는 것 같아서, 이런 생각과 걱정들로 인해 미안하다고 말하지 말자. 초보 엄마는 갓 태어난 너무 작고 약한 아이를 보며 어찌할 바를 몰라 한다. 젖 먹이고 기저귀 가는 간단한 일조차 쉽지 않기에 아이에게 자동적으로 미안하다는 말을 한다. 나도 아이의 기저귀를 처음 갈아줄 때

허둥대며 혼자 미안하다는 말을 몇 번을 내뱉었는지 셀 수가 없을 정도다. 지금 생각해보면 내가 왜 그랬을까 싶지만 아마도 아이에 대한 미안함보다는 스스로에 대한 믿음이 부족했던 것 같다. 그러니 아이에게 미안한 감정은 접어두자. 엄마가 빠르게 적응하고 익혀서 아이에게 편안한 환경을 만들어주는데 집중해야 한다.

아이가 갓 태어나 건강하다면 보통은 산후조리원을 이용한다. 첫아이를 출산한 엄마들 그리고 이미 여러 차례 경험이 있는 엄마들이 섞여 지낸다. 그러다 보면 초보 엄마들은 다른 엄마들을 곁눈질하며 자신의 모습을 평가하게 된다. 나보다 능숙하거나 잘하는 엄마들을 보면 누가 시키지 않았음에도 스스로 작아질 수 있다. 하지만 전혀 그럴 필요가 없음을 명심하길 바란다.

조리원에서의 시간 동안 책과 맘 카페, 각종 육아 관련 앱을 이용해 육아에 필요한 정보들을 찾아보기도 한다. 아이를 키우는 데 필요한 것들을 필터링 없이 쭉쭉 흡입하는 때가 바로 그때다. 글로 배우는 육아의 연속인 셈이다. 아는 것보다 모르는 것이 더 많기에 하나라도 더 알아야 할 것 같은 마음에서 나오는 행동이다. 초보 엄마들은 이렇게 성장한다. 나와 내 아이, 가족 모두를 위해 배우고 성장하는 과정의 일부이기에 서툴러도 괜찮다.

조리원에서 산후 도우미분들께 도움받으며 지내고 나면 자연분만을 했든 제왕절개를 했든 대부분 아이가 태어난 지 20~25일

정도가 지나 집으로 돌아온다. 그리고 2차적으로 정부 정책 지원을 받아 가정에서 산후도우미 서비스를 이용하기도 한다.

누군가의 도움으로 숨 쉴 여유가 있다는 것이 얼마나 큰 도움이 되는지 그 기간이 끝나면 바로 깨닫게 된다. 아는 동생은 산후도우미의 출근 마지막 날 아침에 내일이 오지 않았으면 좋겠다고 생각했었다는 이야기를 들려주었다. 남편 없이는 육아해도 산후도우미 없는 육아는 상상하기가 싫어진다. 나보다 잘하는 사람의 도움을 받고 싶고 아이를 편안하게 만들어주고 싶은 엄마의 마음인 것이다.

서투르게 허둥대다 보면 하루가 저물어갈 때는 후회로 가득 찬 것만 같다. 무사히 하루를 살아냈다는 생각에 안도감이 드는 한편 종일 고군분투했던 모습이 떠오르면 힘이 쭉 빠진다. 그런 순간이 오면 고생한 스스로의 마음 챙김을 통해 위로를 해주었으면 한다. 자신의 생각과 감정, 주변 환경에서 존재하는 자신을 인식하는 연습을 하는 것이다. 마음 챙김을 연습함으로써 마음을 다스리고 부산스러웠던 하루를 정리하는 데 도움이 된다. 지금 이 순간에 집중하고 부족해도 조금씩 성장하고 나아지고 있다는 믿음을 스스로에게 심어줄 필요가 있다. 아이들에게 있어 못난 엄마는 없다. 아이들에게 엄마는 곁에 존재하는 것만으로도 너무나 든든한 사람이다.

완벽한 엄마는 없고,
배우는 엄마만 있을 뿐이다

"엄마니까 당연히 그 정도는 해내야지."

누군가는 흔히 이렇게 말한다. 새벽부터 밤까지 아이를 돌보고, 집안일까지 완벽하게 해내는 것을 마치 엄마라면 '당연히' 할 수 있는 일인 것처럼 포장해버린다. 엄마가 된다고 해서 없던 능력이 생겨나는 것도 아닌데, 왜 우리는 스스로를 '이 정도쯤은 해내야 한다'는 전제로 옭아매게 될까?

아이를 키우면서 마주하는 모든 상황이 엄마라서 당연히 감당해야 하는 일은 아니다. 매일 부딪치고 주어지는 것들이 버거워도 책임감으로 해내는 것이다. 가끔 엄마니까 희생하는 게 당연하다고 말하는 사람들도 있다. 주변에서는 육아 정보부터 살림 팁

　　　　　　　　이기적인 엄마가 아이를 잘 키운다

까지, 온갖 조언을 쏟아내며 "그래도 엄마잖아."라고 덧붙이곤 한다. 듣는 입장에서는 마치 내가 엄마라는 이유만으로 모든 것을 조금도 흔들림 없이 해내야 할 것 같은 압박감을 느끼기 쉽다.

하지만 엄마에게도 지치고 힘든 순간이 분명히 있고, 그걸 아무렇지 않게 이겨내야만 엄마의 자격이 생기는 것은 결코 아니다. 자정이 넘은 시간까지 아이를 안고 재우다가 새벽이 되어서야 빨래를 돌리는 삶이 과연 누구에게나 '당연한' 일일 수 있을까? 그런 일들은 엄마라는 자리에 앉았기 때문에 떠맡게 된 무게일 뿐, 조금도 가볍지 않은 짐이다. 그럼에도 자꾸만 주변의 말이나 사회적 통념에 스스로를 맞추려고 애쓰다가, 결국 자신이 더 지쳐버리는 경우가 많다.

엄마니까 당연히 아이가 우선이되어야 한다는 말도, 사실 따지고 보면 굉장히 폭넓고 무거운 기준을 강제한다. 엄마가 자신의 욕구를 내려놓고, 아이에게 모든 시간을 바치며, 언제나 한결같이 희생적이어야 한다는 암묵적 기대가 깔려 있기 때문이다.

엄마가 되었다고 해서 하루아침에 초인적인 힘이 생기거나 인내심이 한계 없이 늘어나는 것은 아니다. 엄마도 피곤하면 쉬어야 하고, 힘들면 솔직하게 주변에 도움이 필요하다고 말해야 한다. 아이를 돌보는 일은 상상 이상으로 고된 작업이다. 육아는 원래 홀로 감당할 수 있는 영역이 아니다. 엄마 혼자 '당연히' 모든 걸 해내야 한다고 생각하는 순간, 결국 가장 먼저 소진되는 건 엄마 자신이다. 희생을 줄이고, 오히려 더 자주 쉬고 웃을수록 아이에게 좋은 영향을 줄 수 있다. 피곤함에 짜증을 내는 엄마보다는 웃으며 안아주는 엄마를 아이도 더 편안하게 느낄 테니까. 엄마가 행복하면 아이도 행복해진다는 말이 그냥 아름다운 수사에 불과한 게 아니다. 이때 필요한 것은 '그래도 난 엄마니까 버텨야 해!'라는 독한 의지가 아니라, '나는 엄마이기 전에 나 자신이기도 하니 스스로를 잘 돌봐야 해.'라는 인식 전환이다.

완벽하지 않아도 괜찮다. 매일 집안일이 밀려 있어도, 아이가 하루 종일 안아달라고 보채서 부스스한 몰골이 되어도 상관없다. 그건 육아라는 거대한 도전 속에서 흔히 생겨나는 에피소드 중 하나일 뿐, 결코 '엄마라서 당연히' 해결해야만 하는 숙제가 아니다.

이런 말을 하면 그래도 엄마니까 어떻게든 해야 하지 않느냐고 반문할 수도 있다. 물론 육아와 살림이 외면할 수 없는 문제인 것은 사실이다. 그러나 같은 상황을 놓고도 '어떻게든 해야 한다'가 아니라 '어떻게 하면 좋을까'라고 바꾸어 생각해보는 것이 필요하다. 그것이 엄마의 삶의 질을 한 단계 더 나은 방향으로 바꾸는 현명한 전환점이 될 수 있다. 이 과정을 통해 뒤늦게나마 내가 힘들었던 이유가 엄마 역할을 제대로 못해서가 아니라, 육아 자체가 원래 힘든 일이었기 때문이라는 사실을 깨닫게 될지도 모른다.

엄마라서 당연한 것은 애초에 없다는 걸 깊이 인식하고 나면,

　　　　　　　　　　　이기적인 엄마가 아이를 잘 키운다

비로소 훨씬 더 많은 것들에서 자유로워질 수 있다. 육아는 물론 힘들지만 그 안에 기쁨도 있고, 아직 발견하지 못한 나 자신에 대한 놀라운 깨달음도 숨어 있다. 엄마인 나를 존중하고 돌보는 일은 아이를 잘 키우는 일과 결코 대립하지 않는다. 오히려 함께 성장하는 길이자, 더 오래 행복하게 아이 곁을 지켜주는 비결이 된다. 그러니 '엄마니까 당연히'라는 전제를 내려놓고, '엄마가 처음이니 새롭게 배우고 적응하는 중'이라는 시선으로 스스로를 바라보면 좋겠다. 그 과정에서 한 번도 경험해보지 못한 자신만의 '엄마의 길'을 차근차근 단단히 다져나가게 될 테니까.

완벽한 엄마는 없고, 배우는 엄마만 있을 뿐이다.

우리는 절대로 한 번에 완벽한 엄마가 되지 못한다. 시행착오를 거치면서 아이를 돌보는 방식과 나 자신을 돌보는 방법을 함께 배워나가면 되는 것이다. 육아를 '완벽'이 아닌 '성장'의 관점으로 바라봤으면 한다. 처음부터 잘하려고 애쓰기보다 배우며 성장하는 것이 중요하다는 것을 기억하자. 엄마라는 존재의 힘은 무궁무진하지만, 그렇다고 해서 언제나 당연한 무거운 희생을 전제로 해야 할 필요는 전혀 없다는 사실 또한 기억하자.

내가 엄마이기 전에 나 자신임을 인정하고 챙기는 것, 그건 결코 이기적인 태도가 아니라 엄마와 아이 모두를 지키는 소중한 선택이 될 것이다. 결국 엄마라는 호칭은 아이를 최우선으로 생각한다는 의미이기도 하지만, 그에 앞서 한 인간으로서의 내가 존재함을 잊지 않는 태도에서도 비롯되어야 한다. 아이에게서 눈을 잠시 떼는 일이 죄책감으로 이어진다면 차라리 조금 덜 '완벽한 엄마'가 되어보자고 마음먹어도 괜찮다.

엄마의 희생이라는 덫에서 벗어나기

　　엄마가 된다는 건 정말 여태껏 살아온 시간과 전혀 다른 삶을 사는 것과 다름없다. 아이가 탄생하는 순간, 엄마가 되기 이전과 전혀 다른 삶을 마주하게 된다. 어쩌면 대부분의 엄마들은 아이가 태어나 변화된 모든 걸 내가 감당해야 하는구나 하고 체념하는지도 모르겠다. 그리고 그 마음 한구석에는 '우리 엄마도 나를 이렇게 키우셨을거야. 엄마니까 가능한 거였을 거야.'하는 생각이 덫처럼 스스로를 움켜쥐기 시작할 수도 있다. 그 덫은 은근히 교묘하다. 나도 첫째를 키울 때 감정조절을 못해서 터져나오는 불평불만을 뱉으면서 '나도 엄만데 왜 다른 엄마들처럼 못하지?'라고 생각한 적이 있었다. 내가 나의 엄마처럼 못할 때 뭔가 잘못하고 있는 것만 같아서 자책하게 된다. 체력적으로나 정신적으로 감당하기 벅찬 순간에도 엄마니까 참아야 하고, 그게 당연하다는 식으로 행동하지는 말자.

주변 사람들에게 "너는 정말 대단해."라는 말을 들으면 은근히 기분이 좋으면서도 어쩐지 무언의 압박처럼 느껴져 부담되기도 한다. 물론 육아에는 어느 정도 헌신과 인내가 따를 수밖에 없다. 아이가 아프면 밤새 간호해야 하고, 집안일이 밀려 있어도 아이부터 보살펴야 할 때가 많은게 현실이다. 그러나 그 모든 상황이 엄마는 무조건 참고 버텨야 한다는 결론으로 귀결될 필요는 없다. 수많은 방식으로 '적절한 분담'을 할 수 있는데, 정작 엄마가 다 해내야 한다는 생각 때문에 그 가능성을 스스로 차단해버리는 일은 없어야 한다.

희생의 덫에서 벗어나는 첫걸음은 엄마가 스스로 '나 또한 하나의 온전한 인간'임을 인정하는 것에서부터 시작된다. 엄마가 되었다고 해서 감정이나 체력이 무제한으로 공급되는 것은 아니다. 배고프면 먹고, 힘들면 쉬고, 잠이 부족하면 어떻게든 보충해야 하는 것처럼 아이를 키우면서도 일상을 유지하는 데 필요한 아주 기본적인 것들을 양보해서는 안 된다. 이 사실을 가볍게 넘긴 채, 아이를 위해서 조금 힘들어도 참고 견디며 스스로를 속이는 건 결코 오래가지 못한다.

엄마가 자기를 챙기는 것이 이기적인 행동이 아니다. 아이를

위해 나부터 챙겨야 하는 것이 진리다. 비행기 사고 안전 매뉴얼에 따르면, 사고가 났을 때는 보호자가 먼저 산소호흡기를 쓴 다음 약자인 아이를 챙기라고 말한다. 이처럼 엄마가 건강하고 안정된 상태를 유지해야 아이도 제대로 보살핌을 받을 수 있다는 점을 우리는 자주 잊어버린다.

엄마가 즐겁고 행복한 모습을 보일 때, 아이도 심리적 안정감을 더 크게 얻는다. 이것이야말로 내가 직접 경험해서 느낀 사실이다. 아이를 키우며 느끼는 가장 큰 선물 중 하나는, 하루하루 아이와 함께 성장해나가는 나 자신을 발견하게 된다는 점이다. 하지만 내가 나 자신을 돌보지 않는다면 엄마로서의 새로운 도전을 즐길 마음의 여유조차 사라지고 만다. 결국 희생의 덫을 벗어난다는 건 '내가 엄마임에도 불구하고, 한 인간으로서의 나를 존중하겠다'는 결단과도 같다.

자존감을 회복하려는 노력이 필수적이다. 하지만 엄마의 자존감 회복은 아이와 엄마의 관계를 더욱 건강하고 깊이 있게 만드는 지름길이 될 수 있다. 혹시라도 이기적인 엄마, 무책임한 엄마처럼 보이진 않을까 하는 걱정에서 자유로워지자. 엄마가 스스로를 희생하지 않는 선택이 때로는 아이에게 더 좋은 영향을 줄 수 있음을 인정할 필요가 있다. 나 역시도 이 부분에 대한 깨달음이 있었던 후로 나를 성장시키는 일에 시간을 쓰는 것을 유지하고 있다. 『린인(Lean In)』의 저자이자 전 세계 여성 역량 강화를 위해 힘쓰는 메타(Meta) COO 셰릴 샌드버그(Sheryl Sandberg)도 남편과의 육아와 가사분담 원칙을 지킨 것이 자신의 성공 비결이라고 했다. 엄마의 무조건적인 희생이 정답은 아니다.

아이는 결국 엄마의 온전한 삶을 통해 세상을 배우고, 엄마가 자신의 꿈을 놓지 않고 살 수 있다는 걸 보며 인생의 또 다른 면을 깨닫게 된다. 그러니 아이를 위해서라도 엄마가 먼저 스스로를 귀하게 여기는 길을 택하길 바란다. 그거야말로 '엄마의 희생이란 덫'에서 벗어나, 아이와 엄마 모두가 함께 건강하게 웃을 수 있는 가장 확실한 길이 될 테니까.

육아에는 고단함과 큰 책임이 따른다. 그 모든 것이 오직 '엄마'라는 이유만으로 희생이라는 단어로 포장되어서는 안 된다. 희생 대신 '함께 이겨내는 과정'이라는 시선으로 육아를 바라보면 어떨까. 분담할 일은 분담하고, 도움받을 건 받으면서 무엇보다 내가 무너질 것 같을 땐 한발 물러서서 재충전해야 한다. 그 모든 과정을 통해 아이에게 주어지는 건 더 많은 사랑과 주의를 기울일 수 있는 엄마의 여유로움이다. 무조건 엄마가 희생하고 아이가 먼저라는 생각의 틀을 깨는 것이 얼마나 중요한지를 기억했으면 한다.

3년만 버티면 된다는
새빨간 거짓말

0~3세는 성격, 지능, 정서의 재료가 만들어지는 시기로 아이의 뇌가 가장 폭발적으로 성장하는 단계로 알려져 있다. 이 시기에 형성된 애착유형과 정서조절능력은 평생의 기초가 된다고 전문가들은 말한다. '나는 가치 있는 존재다. 세상은 믿을 만한 곳이다. 감정을 표현해도 안전하다.' 같은 안정감이 형성된다는 것이다.

그래서 나도 학습한 대로, 첫아이를 낳고 잘 키워보려는 마음에 스스로를 갈아 넣는 착즙 육아를 했었다. 그 결과는 앞서 에서 자세히 이야기했지만 한마디로 엄마인 내 건강이 바닥을 찍었다. '착즙 육아'를 감행하던 시기에 수많은 육아 서적을 읽으며 쏟아지는 정보들을 과식했기에 탈이 날 수밖에 없었던 것이다. 아이와의 건강한 애착을 형성하고 아이의 발달 단계에 맞춰 필요한 것을 제공할 수 있는 것도 엄마가 우선적으로 고려되어야 가능한 부분이 아닐까 싶다.

한 대학병원 교수 연구팀의 연구 결과에 따르면 초산모의 경우 산모의 연령이 증가함에 따라 출생아의 위험도 증가한다고 설명했다. 요즘 평균적으로 첫 출산을 하는 여성들의 나이가 30대 후반이다. 산모의 신체적 환경이 매우 좋을 수는 없다. 나 역시 첫아이를 출산했을 당시 마흔을 바라보고 있었다. 한 마디로 노산이었다. 건강이라면 자신 있었지만 출산은 많은 것을 바꾸어놓기에 충분했다. 무엇을 상상하든 그 이상을 맛보는 것이 육아, 아이를 키우는 일이다. 그래서 더 강력하게 이야기하고 싶다. 사랑스러운 아이와 단단한 애착을 형성하고 꾸준하게 건강한 상호작용을 원한다면 엄마가 애써 버티며 참고 견디는 일은 없어야 한다.

"지금이 가장 중요한 시기잖니. 아이 잘 키우는 것만 신경 써."

"딱 3년만 고생하면 편해지니까 조금만 참아라."

"아이가 세 살만 되면 말도 알아듣고 걸어 다니고 하니까 손이 덜 갈 거다."

아이를 낳으면 주변 여기저기서 끼어든다. 하지만 이 말들은 반은 맞고, 반은 틀리다. 그 3년이 정말 중요한 시기이지만, 3년만 고생한다고 편해지는 것은 아니다. 아이가 세 살이 되면 슬슬 또 다른 고난이 시작된다. '나도 이제 사람이 되어야지'라며 자기

   이기적인 엄마가 아이를 잘 키운다

주장과 자기 의견, 자신의 힘을 느껴보려 이런저런 시도로 시동을 거는 것이다. 이때 엄마들은 그동안 자신들이 맛봤던 육아는 순한 맛에 불과했음을 깨닫게 된다. 아이의 행동, 감정의 변화에 대처하기도 벅차다고 느껴진다. 그런데 0~3세를 지나, 그다음 4~7세의 중요성을 강조하며 엄마의 역할의 중요성을 부각시키는 전문가들의 말에 엄마들은 숨 고를 틈조차 없어진다.

시기별 육아의 핵심은 분명 존재할 것이다. 아이들의 성장 발달에 있어 챙겨야 할 기준점은 있다. 하지만 그 시기를 놓쳤다거나 발달이 조금 느리다고 해서 망했다고 생각하게 만드는 것은 좀 과하다. 워낙 다들 높은 기준에 초점을 맞추고 빠르게 그 기준에 다다라야 한다고 생각하다 보니 갈수록 아이들의 성장 시기에 예민하게 반응하게 된다.

0~3세는 아이가 너무 작고 소중해서 잘 보살펴야 하는 시기이자 가장 예쁠 시기라는 말에는 동의한다. 그러나 3년만 버티면 수월해진다는 듯 이야기하는 것은 새빨간 거짓말이다. 출산 직후부터 3세까지는 엄마들의 몸이 힘들다면, 그 이후부터는 정신적으로 힘이 든다는 말이 맞을 것이다.

끝날 때까지 끝난 게 아니다. 아이를 건강하게 독립시키기 전까지는 매 순간이 다 중요하다. 더하고 덜하고의 차이는 있겠지만 중요하지 않은 시기란 없다는 말이다. 특정 시기를 놓쳤을 때 발생할 수 있는 문제점에 대해서 크게 염려하여 문제의 심각성을 키우지 않았으면 한다. 사람마다 살면서 채워가는 삶의 기록은 모두 다를 수밖에 없다. 정답이 없는 질문지에 정답을 찾으려고 애쓰지 말자.

워킹맘들은 대부분 내 아이의 가장 예쁜 시기를 함께하지 못했다는 생각에 미안함과 아쉬움을 동시에 느낀다. 곁에서 챙겨주지 못해서 내 아이가 부족하게 자라거나 다른 아이에 비해 채워지지 않은 부분이 많은 것은 아닌지 걱정한다. 이 시기를 함께 보내지 못하고, 집중해서 육아에 전념하지 못했다고 해도 해결 방법은 있다. 외부에서 때를 강조하는 것에 매몰되지 않았으면 한다. 스스로 늦었다고 생각하고 좌절하는 것은 아무런 도움이 되지 않는다.

육아를 하다 보면 애착 형성, 애착 육아에 대해서 지겹도록 듣는다. 3세 이전의 아이들을 키울 때 엄마의 역할이 중요한 이유도 바로 이 애착 형성이 중심에 있다. 전문가들은 아이와 애착이 형성되지 않으면 일어나는 일들을 힘주어 말한다. 그 말이 엄마들의 불안감을 증폭시킬 때가 있다. 경고문은 사고를 예방하는 것이 목적이다. 불안감을 증폭시키고 걱정거리를 안겨주기 위한 것이 아니다. 그런데 육아를 하며 정보를 얻다 보면 '이걸 못하면 큰일 나겠구나. 우리 아이만 잘못되겠구나.'라는 생각이 들게끔 만드는 경우가 허다하다.

이론대로 애착 육아를 해낼 수만 있다면 그렇게 하면 된다. 하지만 그러지 못했다고 해서 아이가 잘못되고 엄마들이 걱정하는 일은 크게 일어나지 않는다는 것을 알았으면 한다. 미처 애착을 형성하지 못했다고 해도 크게 걱정하지 않아도 된다. 앞으로가 중요한 것이니까. 일이 이미 잘못된 뒤에 손을 써도 소용이 없다는 뜻으로 이야기할 때 흔히들 '소 잃고 외양간 고친다'라는 속담을 말하곤 한다. 그런데 정말 소용이 없을까? 그렇지 않다. 잘못되면 고치면 되고 다시 똑같은 일을 반복하지 않는 것이 더 중요하다. 한 번 실패했다고 모든 게 끝이 나는 건 아니다. 좀 더 애를 써야 하는 것은 사실이지만 충분히 해결할 수 있다.

유비무환(有備無患), 미리 준비하고 있으면 근심이 없다고 했다. 평소에 철저히 대비하면 소 잃고 외양간 고치는 일도 없을 수 있다. 그러나 한 생명을 키워내는 장기적인 프로젝트에서 예상 가능한 일들만 찾아온다는 보장은 그 누구도 해줄 수 없다는 것을 기억하자.

가정의 환경과 엄마의 상황에 맞춰 시간을 만들고, 아이와 할 수 있는 활동을 찾아서 함께하면 된다. 아이와 함께하는 시간은 교육적인 요소도 있지만, 강한 유대감을 형성하는 데에도 큰 도움이 된다. 풍부한 경험을 제공하고 다양한 체험을 하는 것으로 채워나가면 될 것이다. 놓치고 지나온 것을 바로잡기 위해서는 물론 노력이 필요하다. 아이가 어떤 것을 좋아하는지를 파악하고, 그에게 맞는 방식으로 학습하도록 도와주면 된다.

무엇보다 중요한 것은 엄마와 아이의 스트레스를 줄이는 것이다. 아이의 발달에 대해 자책하지 말아야 한다. 이는 아이와의 관계에 부정적인 영향을 미칠 뿐 아무런 도움이 되지 않는다. 아이와 함께 지속적으로 학습하는 것에 집중해야 한다. 이를 위해 적극적으로 아이와 대화하고, 책을 읽어주는 등의 활동을 지속해주면 될 것이다. 치유되지 않는 것은 없다. 노력이 좀 더 필요할 뿐이다.

 이기적인 엄마가 아이를 잘 키운다

권위주의적 부모가 아닌
권위 있는 부모

육아에서 갑을 관계가 형성될 수 있다면 믿겠는가? 엄마라면 누구든 좋은 엄마가 되기 위해 고민하지만 그 방법을 정확히 아는 사람은 많지 않다. 아이에게 한없이 수용적인 자세로 육아를 하면 버릇이 나빠질까 걱정이 된다. 또 엄마의 생각대로만 아이를 끌고 가다 보면 아이가 힘들어지는 일이 생긴다. 그야말로 육아를 할 때 엄마 스스로 균형을 잘 맞춘다는 것은 쉽지 않은 일이다.

당신 자녀를 나와 아내에게 온 귀한 손님처럼 대하라.

소아정신과 전문의 김붕년 교수가 경구처럼 외우고 다니는 한 문장이라고 한다. 김 교수는 귀한 손님이라면 그 사람이 좋아하는 걸 극진히 대접하고 싶지 내가 좋아하는 것을 강요하지 않는다고 말했다. 아이는 손님이기에 소중히 여기고 개별자로 존중해줘야 하고, 동시에 떠날 사람이기에 저마다의 시기에 맞춰 부모의 품을 떠날 그때가 오면 진짜 보내주어야 한다고 했다. 또한 아이는 내가 좌지우지할 수 있는 사람이 절대 아니라는 것을 기억해야 한다고 덧붙였다. 부모는 조력자의 역할일 뿐이라는 것을 기억하자.

그러면 어떻게 하는 게 잘하는 건지 궁금해진다. '아이를 어떻게 하면 잘 키울 수 있나?'라는 질문에 『믿는 만큼 자라는 아이들』의 저자 박혜란 여성학자는 "아이를 키우려 하지 마라. 그게 비법이다. 아이들이 커가는 것을 지켜본 엄마다. 나는 아이들이 믿는 만큼 자란다고 생각한다."라고 답했다. 또한 어떻게 하면 내 아이가 행복한 어른으로 자랄 수 있을지 고민하는 부모들에게 "아이들의 행복은 부모가 결정할 수 없다. 자라는 아이에게 부모가 해줄 수 있는 일은 아이가 스스로 생각하고 행동할 때까지 안아주고 믿어주고 기다려주는 것"이라고 말했다.

그게 가능하려면 부모 스스로가 '나는 어떤 유형의 부모인가?'를 인지하는 게 우선되어야 한다. 다음 표는 미국의 심리학자 다이애나 바움린드(Diana Baumrind)가 부모 양육 방식을 네 가지로 구분한 것이다.

네 가지 양육 유형 중 가장 바람직한 유형은 '권위 있는 부모'일 것이다. 권위 있는 부모는 합리적인 규칙을 설정하고 자녀와의 소

 이기적인 엄마가 아이를 잘 키운다

부모 유형	핵심 특징	자녀에게 미치는 영향
권위 있는 부모	- 합리적 규칙과 한계 설정 - 자녀 의견 존중, 적극적인 소통 - 일관된 보상과 피드백	- 긍정적 자존감 및 책임감 발달 - 건강한 감정 조절 능력 - 자기주도적이고 사회성이 높은 아이로 성장
권위주의적 부모	- 엄격한 규칙, 복종 강조 - 일방적 지시, 체벌 위주의 훈육 - 감정 표현 억압	- 낮은 자존감 및 불안감 형성 - 공격적 또는 반항적 성향 - 사회성 발달 저해
허용적 부모	- 높은 수용, 낮은 통제 - 규칙·한계가 모호하거나 거의 없음 - 갈등 회피, 즉각적 욕구 충족에만 집중	- 충동 조절 및 자기통제 능력 부족 - 책임감 결여 - 사회적 규범 인식 결여로 인한 대인관계나 단체생활의 어려움
방임적 부모	- 자녀에 대한 관심·책임 부족 - 가정 내 규칙 부재 - 감정·욕구에 대한 무관심	- 애착 및 정서 발달 결핍 - 낮은 자존감과 높은 무기력감 - 학업 성취와 사회성 발달 저해

통을 중시한다. 또 일관된 보상과 피드백을 하는 양육 방식으로 가장 긍정적인 결과를 낳는다고 알려져 있다.

하지만 직접 아이를 키우면서 내가 느낀 것은 엄마와 아이가 서로 존중하는 관계로 균형 있는 사이가 되려면 실제 육아 현실 속에서는 '혼합적 양육'이 필요하다. 어느 한 가지 유형만 고수하기보다 내 아이의 발달 수준, 기질, 가정환경 등에 따라 태도가 유연해져야 한다. 권위 있는 부모 유형을 중심으로 하면서도 허용적 태도나 권위주의적 태도를 부분적으로 적절히 활용하는 균형감 있는 접근이 필요하다. 물론 이것은 '권위 있는 부모'의 유형이 중심에 서 있다는 전제조건에 한해서다. 단, 허용적 부모와 방임적 부모 유형에 치우치는 것은 경계해야 한다.

미국의 심리학자 헨리 클라우드(Henry Cloud)와 존 타운센드(John Townsend)의 저서 『아이와의 경계 만들기(Boundaries with Kids)』에서는 아이에게 분명한 '경계'와 '책임'의 설정 필요성을 강조한다. 아이들이 자기 행동과 감정을 스스로 책임지는 법을 배우려면 '어디까지가 내 몫이고 어디서부터 남의 몫인지'를 구분짓는 경계 설정이 필수적이라는 것이다.

여기서 말하는 경계란 '나'와 '타인'의 책임을 구분하는 것으로, 경계는 아이가 스스로 감당해야 할 몫과 부모가 책임져야 할 부분을 명확히 구분해주는 장치라 설명한다. 아이 스스로 어디까지가 자기 영역이고, 어디부터 부모나 타인의 영역인지를 배울 수 있도록 돕는 것이다. 명확한 경계 설정을 통해 아이는 자신의 행동을 통제하거나 선택에 따른 결과를 책임지는 훈련을 받게 된다. 이러한 과정이 쌓이면 스스로 '이건 내 선택이니 결과 역시 내가 받아들여야 한다'는 인식을 형성하게 된다고 말한다.

책임이 중요한 이유는 아이가 한 행동에 대해 즉각적으로 책임을 지게 하면, 자신의 선택이 가져오는 결과를 현실적으로 체득할 수 있기 때문이다. 예를 들어 아이가 숙제를 하지 않아 학교에서 벌점을 받는다고 가정한다면, 부모가 대신 해결해주는 것이 아니라 아이 스스로 이 문제를 해결하도록 지도할 수 있다. 부모를 포함한 타인의 강제보다는 아이 스스로 '내가 할 일은 내가 해야 한다'는 내적 동기를 가지게 되는 것이 진정한 학습과 성장을 돕는 효과를 가져오게 된다. 나아가 책임의 경험을 반복하면서 정서적·인지적으로도 한층 성숙해질 수 있다.

분명한 경계와 책임이 아이에게 주는 긍정적 효과 3가지

1. 안정감과 안전감 향상

아이들은 무한한 자유보다 명확한 경계와 일관된 규칙이 주어졌을 때 더 편안해하고 안정감을 느낀다. 어디까지가 허용 범위인지 정확히 알게 되면, 그 안에서 스스로 선택하고 성장할 수 있는 여유가 생긴다.

2. 자기 통제력 및 문제 해결 능력 발달

엄마가 모든 것을 대신 해결해주지 않고, 분명한 한계를 설정한 뒤 자녀 스스로 해결하도록 도와주면, 아이는 점차 스스로 문제 해결 능력을 키워나가게 된다. 이를 통해 충동 조절이나 감정 조절 역시 연습할 기회를 얻는다.

3. 타인과의 건강한 관계 형성

경계 훈련은 대인관계에서도 적용된다. 아이는 자신의 책임과 이처럼 엄마와 아이의 균형감 있는 상호존중의 관계를 만드는 데 있어서 반드시 필요한 것은 단지 아이에게 규칙을 강제하는 것이 아니다. 엄마와 자녀 모두에게 건강한 관계 틀을 제공하는 것이다. 엄마도 과잉 간섭이나 과잉 책임을 지는 부담에서 벗어나, 아이가 한층 자율적으로 성장하는 모습을 지켜볼 수 있게 된다.

클라우드와 타운센드 역시 '경계를 세우는 것'이 결코 억압이나 강압이 아님을 거듭 강조한다. 그것이 오히려 아이가 스스로를 주체적으로 인식하고, 타인과의 관계에서 상호 존중과 독립성을 지키며 건강하게 성장할 수 있는 기반임을 밝힌다. 아이가 책임감을 기르고, 자신의 행동에 따른 결과를 받아들이면서도 부모나 타인과의 경계 속에서 건강하게 성장해나갈 수 있도록 한계를 제시하는 것과 그 결과를 아이가 책임지도록 하는 것을 강조한다. 이를 통해 부모와 자녀 간에 불필요한 갈등을 줄이고, 아이가 스스로 주체적인 삶을 살아갈 토대를 만들어줄 수 있다고 믿는 것이다.

이러한 원칙들을 통해 엄마가 무조건 해결해주거나 과잉 개입하는 대신, 아이 스스로 '자기 몫'을 감당하면서 성장할 수 있는 길을 마련해주는 것이 위 책에서 강조하는 메시지이기도 하다. 권위 있는 부모 유형을 중심으로 하는 혼합적 양육을 기억하고 엄마와 아이의 균형 잡힌 상호존중의 관계를 만드는 데 집중해보자.

아이들은 부모와의 관계에서
어떻게 '권력'을 잡았나

아이들은 태어나면서부터 부모에게 전적으로 의존한다. 그런데 아이가 어느 정도 자라서 혼자 할 수 있는 일이 하나둘 늘어나는 시점이 되면, 가정 안에서 부모와 아이 사이의 힘의 균형이 아이 쪽으로 기울어지는 경우가 종종 발생한다.

EBS에서 한국의 엄마와 다른 나라 엄마들의 육아 태도를 비교한 다큐멘터리를 본 적이 있다. 그 다큐멘터리 속 한국 엄마는 한마디로 표현하자면 '성실표 엄마'였다. 아이들이 직접 해야 할 일까지도 모두 대신 처리해주는 모습을 보였다.

왜 이런 일이 벌어질까? 가장 큰 이유 중 하나는 엄마의 과도한 보호다. 엄마가 아이를 너무 걱정한 나머지, 아이 스스로 해내야 할 일까지 모두 대신해주는 상황이 자주 벌어진다. 부모 입장에서는 아이를 사랑해서 보살피고 싶은 마음이 클 것이다. 다만, 보호와 지원의 선이 모호해져버리면 오히려 아이의 자율성과 책임감은 길러지지 못한다. 도리어 부모가 자녀에게 휘둘리는 역설적인 상황이 벌어진다. 예를 들어, 혼자 씻거나 옷을 입는 것, 숙제를 하는 일, 자기 물건을 챙기는 것 등은 아이가 스스로 연습하며 자율성과 책임감을 키워갈 수 있는 기회가 된다. 그런데 엄마가 아이를 보살핀다거나 도와준다는 마음으로 대신 처리해주면 아이는 '이건 내가 해야 할 일이 아니구나.' 하고 인식하게 된다. 그러다 보면 힘들이지 않고도 원하는 것을 얻는 데 익숙해진다. 이런 패턴이 반복되면 아이가 느끼기에 점차 '엄마가 내 요구를 언제나 들어줄 것이다'라는 확신을 갖게 만든다. 문제 상황이 생겨도 스스로 행동하고 책임을 지는 대신, 엄마를 통해 쉽게 해결하려고 드는 것이다.

학습 이론에서는 이를 '행동주의적 조건 형성'으로 설명하기도 한다. 즉, 아이가 떼쓰기나 울기같이 짜증의 감정을 앞세운 특정 행동으로 자신에게 유리한 결과를 얻어내면 그 행동을 반복하게 되고 점점 더 강하게 구사하게 된다. '엄마가 해줄게' 모드로 아이가 주도권을 잡을 수 있는 환경을 엄마 스스로 만들어주고, 아이에게 더 강력권 통제권이 생기는 상황에서 엄마가 아이의 눈치를 보게 되는 역설적인 결과를 낳는다. '혹시 또 울거나 떼를 쓰진 않을까?'를 걱정하게 되고, 어느 순간부터는 오히려 자녀에게 통제당하는 듯한 무력감을 느끼게 된다. 엄마가 일관성 없이 아이의 요구를 들어주면, 엄마는 규칙이나 권위를 행사하기 점점 어려워질 수밖에 없다. 이런 상황이 쌓이면 엄마가 아무리 "이제부터는 규칙을 지키자."라고 말해본들 소용없는 일이 된다. 엄마가 "안 돼!"라고 말은 하지만, 결국엔 엄마가 양보하는 패턴이 반복되어 자신이 원하는 것을 얻었던 학습 효과가 아이에게 누적되어 있기 때문이다. 아이는 떼를 써서 원하는 걸 손쉽게 얻어낼 수 있으니, 사실상 엄마보다 더 강력한 권력을 행사하게 되는 셈이다.

이처럼 엄마와 아이 사이에서 발생하는 힘의 역전 현상은 엄마가 '우리 아이는 아직 어려서 못 할 거야.'라는 생각에 과도하게 돕고, 보호하는 데서 비롯된다. 아이의 독립심과 자율성을 발휘할 기회를 주지 않고, 모든 것을 대신 해결줘서는 안 된다.

그렇다면 이런 문제를 어떻게 해결할 수 있을까? 엄마의 과잉보호나 과도한 개입을 줄이고, 아이가 할 수 있는 일을 명확히 구분해서 스스로 해볼 수 있도록 기회를 마련해줘야 한다. 나이와 발달 단계에 맞춰 할 수 있는 영역부터 조금씩 자율권을 부여하는 것이다. 예를 들어, 아침에 옷을 고르는 일, 식사 후 자기 그릇을 싱크대로 옮기는 일, 등하교 때 가방을 스스로 챙기는 일 등은 아이가 독립적으로 수행할 수 있는 좋은 시작점이다.

물론 처음에는 지켜보는 게 답답하고 엄마가 해주는 것보다 시간이 더 걸릴 수 있다. 예상치 못한 실수도 발생한다. 하지만 이

　　　　　이기적인 엄마가 아이를 잘 키운다

과정을 거쳐야만 아이는 책임감과 자율성을 기를 수 있다. 경험을 통해 아이는 내가 해낼 수 있다는 자기효능감을 갖게 되고, 동시에 잘못했을 경우 그 결과에 대해 책임지는 법도 배운다.

또한, 엄마가 일관된 규칙을 설정하고 지키는 태도가 중요하다. 아이가 불평하거나 울더라도 이미 약속해놓은 규칙이라면 쉽게 무르거나 바꾸지 않아야 한다. 예컨대 밤 9시가 되면 잠을 자기로 약속했다면, 아이가 떼를 쓰더라도 원칙을 지키는 것이다. 처음에는 어렵겠지만 엄마가 흔들리지 않고 규칙을 유지한다는 사실을 아이가 직접 확인해야 아이도 엄마의 이야기를 신뢰하고 규칙을 받아들이게 된다.

이렇게 해야만 장기적으로 엄마가 통제력을 되찾고, 아이와의 관계에서 균형 있는 힘의 구조를 형성할 수 있다. 아이와의 대화와 공감을 늘리되 과잉 개입은 자제해야 한다는 것을 기억하자. 아이가 힘든 일을 겪을 때, 엄마가 모든 것을 해결해주기보다는 아이가 먼저 스스로 방안을 생각해보도록 유도하고, 필요하면 함께 고민하며 조언하는 식으로 접근하는 것이 좋다.

"그렇게 하면 어떻게 될 것 같아?", "다른 방법은 없을까?" 같은 열린 질문을 통해 아이가 주도적으로 상황을 바라보고 판단하도록 도울 수 있다. 아이에게 책임과 선택권을 동시에 주며, 엄마는 조력자로서의 위치를 견지하게 만들어준다. 결국 아이가 엄마와의 관계에서 지나치게 큰 권력을 행사하게 되는 것은 아이가 순

식간에 강해져서가 아니라 엄마가 자신의 영향력을 스스로 약화시킨 결과에 가깝다.

엄마가 과도하게 보호하거나 간섭하지 않고 아이가 할 수 있는 부분을 스스로 해내도록 신뢰하고 권한을 부여한다면, 아이는 오히려 자기 힘을 합리적으로 쓰는 법을 배우게 된다. 동시에 엄마가 일관된 원칙으로 대응할 때, 비로소 건전한 힘의 균형이 형성될 수 있다. 이런 관계가 자리 잡으면, 엄마와 아이 모두 스트레스를 덜 받고, 서로 간의 존중과 배려 속에서 성장해나갈 수 있을 것이다.

끝이 없는 육아 서적에서 벗어나기

　모성애를 국립국어원 표준대국어사전에 등재된 정의에서는 '본능'이라고 설명하고 있다. 하지만 여성가족부 '대한민국 부모학교' 부모교육 매뉴얼에서는 '모성과 부성은 선천적'이라는 통념은 잘못된 것이라고 이야기한다. 프랑스의 철학자 엘리자베트 바댕테르(Elisabeth Badinter)는 『만들어진 모성(L`Amour en plus)』이라는 책에서 '모성애란 본래부터 당연히 존재하는 것이 아니라 만들어진 것'이라고 주장하기도 했다.

　사회적으로 모성은 여자의 본능이라는 인식이 강하게 박혀 있기에 이 말에 공감하지 못하는 사람들도 있을 것이다. 당연히 모성애나 부성애가 강한 사람도 있다. 나는 모성애와 부성애가 처음부터 완성된 상태로 주어지는 것이 아니라, 아이를 돌보고 책임지는 과정을 거치며 조금씩 만들어진다고 생각한다. 아이가 태어났다고 해서 저절로 모든 것이 가능해지는 것은 아니다. 부모라는 역할을 해내기 위해서는 배우고, 익히고, 애쓰는 시간이 필요하다. 특히 엄마의 경우, 사회적 기대와 현실적인 요구가 한꺼번에 쏟아지며 스스로를 단련할 수밖에 없는 상황에 놓인다. 그래서 육아의 시작은 사랑의 감정보다, '이 아이를 책임져야 한다'는 책임감에서 출발하는 경우가 더 많을지도 모른다.

한두 시간마다 깨서 우는 아이를 먹이고 재우고 놀아주고 돌보느라 신체적으로 힘들어지고, 집 안은 전쟁 난 것 같은 상태가 된다. 아기가 어디 아프거나 다칠까 봐 한 시도 눈을 떼지 못하고 돌보느라 엄마는 세수할 시간도 없고 자신을 신경 쓸 여유가 거의 없다. 그러다 보니 엄마들은 이 시기에 눈물을 흘리는 일이 잦아진다. 아이가 울 때 같이 우는 엄마도 있고, 자신이 사람이 아니라 젖먹이는 포유류 동물처럼 여겨져 자괴감까지 든다는 엄마도 있다. 출산 후 몸이 다 회복되지 않은 상태에서 호르몬 영향으로 감정이 요동치면 한 번도 본 적 없던 낯선 내 모습을 보게 된다. 이게 나인가 싶을 정도로 말이다.

그 시기에 나는 감정적·육체적으로 너무 힘들고 하나부터 열까지 모든 것이 물음표투성이었다. 육아라는 게 너무 어려운데 나만 그런가 하고 생각했었다. 오랫동안 유치원 선생님으로 일한 친구의 임신 소식을 듣고 아이 낳아서 키우는 게 얼마나 힘든지 얘기

   이기적인 엄마가 아이를 잘 키운다

해주자 이렇게 말했다.

"유치원 생활 10년 동안 내가 함께 생활한 아이들이 몇 명인데 걱정 마! 난 내 아이 낳으면 정말 잘 키울 자신 있어."

"그래, 내가 괜한 오지랖을 부렸나 보다."

친구의 말에 그렇게 대답하고 넘어갔다. 그런데 자신 있다고 말했던 친구가 출산하고 조리원에서 전화를 했다.

"야, 아기가 너무 작아. 건드리지도 못하겠어. 부서질 거 같아. 나 이제 어떡해?"

나만 육아가 어려운 게 아니구나 싶었다. 신생아는 누구에게나 어려운 존재다. 그래서 임신했을 때부터 책으로 출산과 육아를 미리 공부한다. 아기의 발달 단계에 따라 읽어야 할 책은 더 많아지고 문제가 생기거나 궁금한 게 있으면 책부터 찾아본다. 맘카페나 포털사이트에 질문하고 답을 찾으며 정보를 수집한다.

아마 아이를 키우는 집에는 육아 관련 서적이 한 권 이상 있을 것이다. 1997년에 처음 출간된 『삐뽀삐뽀 119 소아과』는 여전히 베스트셀러고, 백과사전 같은 이 책 내용을 거의 외우다시피 하는 엄마들도 있다. 엄마마다 다를 순 있지만 한 권도 읽지 않고 아이를 키웠다고 얘기할 엄마는 없을 것이다. 내 주변에서만 보더라도 정말 책 한 권을 읽지 않기로 유명한 친구도 육아 서적은 고시생이 된 것마냥 자발적으로 열심히 읽었었다. 그리고 내가 첫 아이를 임신했다는 사실을 알렸을 때 그 책들은 고스란히 나에게 전해졌다. 그만큼 아이를 키운다면 필수 조건처럼 느껴지는 것이 육아 서적이다.

결혼 후 아이를 갖는 일은 당연한 것처럼 여기지만 앞서 말했듯이 아이를 먹이고, 소화시키고, 씻기고, 재우는 것 등 아주 기본적인 것조차 미리 알려주는 사람이 없다 보니 육아 서적은 초보 엄마들에게는 마치 나를 구해줄 동아줄처럼 여겨진다. 손에서 놓고 싶어도 놓을 수 없게 되는 셈이다. 임신 사실을 안 순간부터 엄마의 역할을 잘하기 위해 무조건 책부터 보게 된다.

어디가 끝인지 알 수 없는 육아 관련 서적들은 마치 학창 시절 학년별 교과서를 신학기마다 한가득 받았을 때의 기분마저 들게 만든다. 육아에서 졸업하기 전까지는 책과 한 몸으로 살아간다. 부모의 역할을 잘 해내고 싶고, 좋은 엄마가 되고 싶은 엄마들의 관심과 노력은 갈수록 커진다. 이것이 육아 관련 서적들을 끊을 수 없게 만드는 가장 큰 이유이기도 하다.

나도 그중 한 사람이었다. 읽다 보니 이 책도 봐야 할 것 같고 저 책도 읽어야 할 것만 같은 마음이 들었다. 나뿐만 아니라 남편에게까지 추천하고 함께 읽기를 요구했을 정도다. 그렇게 쌓이고 쌓여 100여 권의 책을 읽었다. 그런데 육아 서적에서 이야기하는 것들이 무슨 말인지 다 이해가 되고 따라 하기만 하면 될 것 같아서 막상 시도해보면 책대로 안 된다. '하라는 대로 했는데 나는 왜 안 되지? 내가 이상한가?'라는 생각에 자책도 많이 했었다. 마치

오픈 북 시험을 치는데 정답이 적힌 책을 보고 있으면서도 문제를 못 풀고 있는 것 같은 마음이 드는 것이다.

요즘 엄마들 사이에서 유명한 채널A 육아 예능 프로그램 〈요즘 육아 금쪽 같은 내 새끼〉에서 오은영 박사는 자신의 강의를 듣는 분들이 이렇게 이야기한다고 했다.

"박사님의 책 내용은 박사님이라서 가능한 것 같아요. 저는 못 하겠어요!"

"저희 애는 책대로 해도 난리 쳐요."

너무 공감되는 말이었다. 나와 같은 생각을 하는 엄마들이 있다는 사실에 안도감이 들어 속으로 기뻤다. 육아 원칙을 서술해놓은 육아 서적을 보면서 많은 엄마들이 열심히 노력하는데도 잘 안 돼서 자책하며 힘들어하고 있었던 것이다.

엄마도 사람인지라 힘들고 지치면 말이나 행동에 감정이 안 섞일 수 없다. 양육자로서 육아서에서 본 대로 아이의 미숙한 점이나 잘못된 행동을 고쳐주는 동시에 엄마는 자신의 감정도 조절할 줄 알아야 한다. 그런데 그 미션이 결코 만만하지가 않다. 게다가 육아서에서 알려준 대로 했는데도 잘 안 되면 스트레스는 더욱 커진다. 아이를 잘 키우는 데 도움을 받으려고 책을 읽기 시작했는데 그게 나에게 부담감과 자책감만 준다면 뭔가 잘못된 것이다.

임신하고 아이를 위해 태교를 하면서 한번도 들어본 적 없던 클래식을 찾아들었었다. 아이에게 좋다고 하니 내게는 지루한 곡이지만 열심히 들었다. 그런데 그 지루한 클래식 노래를 참고 듣는 동안 엄마가 즐겁지 않다면 엄마의 몸에서 반응하는 것들로 인해 아이에게 더 좋지 않은 것이 전달될 수도 있다는 것을 알게 되었을 때 깨달았다.

'그래, 엄마가 즐거운 게 가장 중요하다.'

아이와 가장 밀접한 관계에 있는 엄마가 기준이 되는 육아를 해야 한다. 그러니 책에 쓰인 그대로 따라 해야 된다는 생각을 조금 내려놓으면 어떨까. 육아 서적은 평균적이고 일반적인 내용을 담은 책이기에 그것이 모든 아이에게 들어맞는 정답은 아닐 수도 있다. 내 아이와 우리 가정 상황과 환경에 맞게 책의 정보를 토대로 아이와 엄마가 서로 소통하며 맞춰나가는 것에 집중하는 것이 더 중요하다.

보통 육아 서적에서는 엄마와의 애착, 아이를 제대로 성장시키기 위해서 엄마가 해줘야 할 많은 것들을 담고 있다. 그러나 그것들을 다 못했다고 해서 아이가 크게 잘못되거나 하지는 않는다는 것을 이미 알고 있다. 사람마다 성격, 유전자, 환경, 지식 등 수많은 변수가 다르기 때문에 한두 가지 요인 때문이라고 단정할 수가 없다. 하지만 더 잘하고 싶은 마음에서 자꾸만 욕심이 생기고 그것으로 인해 엄마가 힘들어진다. 나도 육아 서적 100여 권을 읽고 또 읽으면서 욕심을 부려봤던 경험이 있기에 잘 안다. 책을 쉽게

  이기적인 엄마가 아이를 잘 키운다

내려놓을 수 없지만 끊어내지 못하면 육아는 엉킬 수밖에 없다. 그 영향은 고스란히 사랑하는 우리 아이에게 전해진다. 아이를 위해서 읽었던 책이 도리어 아이를 힘들게 만드는 꼴이 되는 셈이라면 조금 부족하다 느껴지더라도 마음을 내려놓는 것이 낫다. 엄마는 이미 존재 자체만으로 위대하다. 아이에게는 엄마가 곧 세상의 전부다. 그러니 엄마가 먼저 행복해야 한다. 엄마가 아이와 행복하게 잘 살고 싶다는 마음을 갖는 것만으로도 충분하다.

육아서를 기준으로 자신이 몇 점짜리 엄마인지 채점하지 않았으면 한다. 육아서가 전부인 것마냥 그대로 따르고자 하는 마음을 접어두자.

2장

잘하려고 들지 말고
망치지 않는 것에 집중하라

시간이 해결해준다고
믿고 기다리지 마라

아이를 키우다 보면 '시간이 약이다. 시간이 지나면 해결된다. 참고 견디자.'라는 생각이 드는 시기를 누구나 겪는다. 물론 시간이 흐르면 해결되는 것도 있다. 하지만 어떤 노력을 더 하느냐에 따라 결과는 달라진다.

이 또한 지나가리라.

많은 사람들에게 익숙한 말일 것이다. 기쁜 상황도 지나가니 함부로 교만하지 말고, 슬픈 상황도 지나가니 낙심하지 말고 의연한 태도를 가지라는 뜻을 지닌 말로 알려져 있다. 우리는 딱 이만큼의 자세를 취하면 된다. 예를 들어 생후 18개월에서 3세 사이유아에게 나타나는 재접근기로 인해 힘들어하는 엄마들을 많다. 재접근기는 아이가 독립성과 의존성 사이에서 갈등하는 시기로, 엄마에게 다시 접근하는 행동과 동시에 독립을 시도하는 행동이 번갈아 나타난다. 한편 주 양육자와 떨어지는 것에 대한 불안감도 동시에 커진다.

물론 모든 아이가 이걸 거쳐가는 건 아니다. 재접근기 없이 무탈하게 지나가는 아이도 있다. 하지만 재접근기를 경험해보지 못한 엄마들은 상상이 안될 정도로 힘이 드는 게 사실이다.

이때 엄마들은 재접근기라서 힘든 건 당연하다 여겨서는 안 된다. 이 시기가 지나가기만을 바라고 아무것도 하지 않으면 엄마와 아이 모두에게 고통스러운 시간이 된다. 그러나 문제를 제대로 인지하고 해결하고자 노력을 더했을 때 결과는 달라질 수 있다. 방법을 찾고 흘러가도록 기다려주는 여유와 조바심 내지 않는 마음이 필요하다. 하지만 힘든 상황을 핑계로 나태하게 늘어지는 것은 경계해야 한다. 모든 것을 다 잘 해낼 수는 없다는 것을 인정하고 내려놓는 것 또한 필요하다.

내가 첫째를 키울 때 친정 할머니께서는 "세상에 이렇게 순한 아이가 어딨냐. 이런 아이라면 나는 다섯도 동시에 키우겠다."라고 말씀하셨었다. 그러나 남들 눈에 그렇게 순해 보였던 아이도 24개월 두돌이 막 지날 즈음 재접근기가 왔다. 화장실에 볼일을 보러 갈 때조차 아이를 안고 가서 볼일을 볼 지경이었으니 지금

생각해도 아찔하다. 이 시기에 아이에게서 가장 많이 들었던 말이
"안아줘."였다. 아이는 자석처럼 나에게 딱 붙어 떨어질 줄 몰랐
다. 남몰래 혼자 많이 울었다. 체력적으로나 정신적으로 힘든 시
기였던 기억은 아직도 생생하다. 이처럼 아이의 재접근기에 힘든
시간을 겪은 엄마들의 이야기를 들어보면 눈물없이 듣지 못할 지
경이다. 신생아 때보다 더 많이 안고 있었다는 사람도 있다. 단 5
분도 혼자 놀지 않고 안아주지 않으면 그냥 떼를 쓰고 난리를 치
는 경우가 허다하다. 납득은 안 되지만, 먼저 아이를 키워본 엄마
들이 힘들어도 그 시기가 좋을 때라고 말하는 데는 이유가 있겠지
싶어 스스로 합리화하며 견뎠다는 엄마들도 있었다.

재접근기는 아이가 성장하는 과정의 일부다. 하지만 시간이 흐
르면 해결될 거라고 생각하며 스스로에게 체면을 걸고 가만히 견
딜 일은 아니다. 아이의 심리 그대로를 이해하고 적절하게 반응하
는 것이 필요하다. 조급해하지 않고 기다려주어야 한다는 걸 이제
는 안다. 엄마의 일관된 모습으로 안정감을 줄 때 아이는 비로소
그 험난한 시기를 잘 지나갈 수 있다.

재접근기의 어려움 해결책

1. 아이의 감정을 인정하고 공감하기

아이가 짜증을 내거나 화를 낼 때 감정을 무시하지 말고, "네가
속상했구나.", "네가 하고 싶은데 잘 안 돼서 답답했겠어."라고

공감해줘야 한다. 감정을 이해받았다고 느끼면 아이는 더 빨리
안정될 수 있다.

2. 독립 시도를 존중하고 응원하기
이 시기의 아이들은 "내가 할래!"라고 말하며 독립적인 행동
을 시도하게 된다. 아이가 스스로 하려고 하면, 여유를 두고 조
금 기다려주자. 하지만 아이가 엄마의 도움을 요청할 때는 직
접 해결해주기보다는 "이렇게 해볼까?" 하고 방향을 제시하면
서 아이가 직접 해볼 수 있게 유도하는 것이 효과적이다. 혼자
성공할 수 있는 기회를 많이 제공하면 자신감이 자라나 의존도
가 낮아진다.

3. 일관된 태도 유지하기
독립과 의존 사이에서 갈등하기 때문에 엄마의 태도가 일관되
지 않으면 혼란을 느낀다. 아이가 엄마에게 매달렸다가 다시
멀어지더라도 일관된 양육 태도로 반응해야 한다. 필요할 때
안아주고 감정을 받아주되, 아이가 다시 독립적으로 행동하면
자연스럽게 놀이를 이어갈 수 있도록 도와주자.

4. 아이가 엄마를 다시 찾을 수 있도록 '안전 기지' 역할 하기
아이들은 멀리 탐색하고 싶어 하지만, 언제든지 돌아올 수 있

   이기적인 엄마가 아이를 잘 키운다

는 '안전한 존재'가 필요하다. 아이가 멀리 가려고 할 때도 편안하게 지켜봐 주는 것이 중요하다. 아이가 다시 돌아오면 따뜻하게 받아주고, 충분한 애정을 표현해주자.

5. 아이가 감정을 조절할 수 있도록 도와주기

이때는 감정 조절이 미숙하여 자주 화를 내거나 짜증을 부린다. "화가 날 땐 이렇게 해볼까?" 하면서 아이에게 대안을 제시해준다. 재접근기에는 아이가 엄마에게 더 많이 매달리고, 징징거리거나 떼쓰는 경우가 대부분이다. 아이가 감정적으로 힘들어할 때는 먼저 감정을 받아주고 안정시킨 후에 해결책을 제시하자.

떼를 쓸 때마다 바로 들어주면 아이는 그 방법을 계속 사용하기에 그것은 경계해야 한다. 대신 "지금은 어떤 이유에서 안 되지만, 이따가 같이 해보자."처럼 아이가 납득할 수 있는 상황을 설명하고 대안을 제시하며 진정시킨다.

6. 아이의 속도를 존중하고 조급해하지 않기

재접근기 아이들은 독립과 의존을 반복하면서 서서히 성장한다. '왜 이렇게 이랬다저랬다 하지?'라는 생각보다는 아이가 성장하는 과정이라고 이해하고 기다려주어야 한다. 엄마가 느긋한 태도를 가지면 아이도 안정감을 느끼게 된다.

7. 아이에게 충분한 애정 표현하기

아이들이 엄마에게 접근하는 것은 애정을 확인하려는 과정이다. 아이가 필요로 할 때 안아주고, 다정하게 눈을 맞춰주고, 부드러운 목소리로 말해주자. 애정을 충분히 받은 아이들은 더 자신감을 가지고 독립하는 게 가능해진다.

8. 사회적 상호작용 기회 늘리기

아이들은 또래 친구들과 상호작용하면서 독립성과 사회성을 배운다. 놀이터나 어린이집 등에서 또래 아이들과 상호작용할 기회를 만들어주자. 친구들과 함께 놀면서 자연스럽게 독립과 협력의 균형을 배우게 된다.

9. 엄마도 스스로를 돌보기

재접근기는 엄마에게도 상당히 힘든 시기다. 떼쓰는 아이 때문에 스트레스받기보다는 이것이 아이의 정상적인 발달 과정임을 이해하고 받아들이자. 배우자, 가족, 친구들과 육아 고민을 나누면서 스트레스 해소하자. 필요하면 짧은 휴식을 가지면서 엄마 자신도 감정을 조절할 여유를 가져야 한다.

힘겨운 재접근기를 슬기롭게 이겨내기 위한 이 해결책들은 이론처럼 뚝딱 단번에 되지는 않는다. 아이도 이 시기를 잘 넘기기 위한 훈련이 필요하지만, 엄마 역시도 아이와 호흡을 맞춰나가는 데 필요한 것들을 받아들이는 자세가 필요하다.

'피할 수 없으면 즐겨라.'라는 말이 있듯이 엄마 스스로 이 시간을 즐겨야 한다. 이미 답은 정해져 있다. 재접근기가 왔다면 아이는 엄마를 찾는 게 당연해진다. 그러니 아이에게 집중해야 하는 때라는 걸 받아들여야 한다. 그런데 왜 엄마들은 아이가 재접근기가 아니었던 때를 그리워하면서 스스로 힘들어하는가. 그때를 그리워하지 마라. 아무런 도움이 되지 않는다. 오히려 엄마뿐 아니라 아이까지 힘들게 만든다.

같은 상황을 겪어도 스스로가 대처하는 자세와 마음 상태에 따라 결과는 전혀 다를 수밖에 없다. '어떻게 하면 좋을까?'를 기억하자. 항상 정답과 해결책은 우리 안에 있다.

엄마의 죄책감

아이를 키우다 보면 나의 말과 행동이 아이에게 어떤 기억으로 남아 어떠한 영향을 줄지 모른다는 생각이 들 때가 있다. 그 막연한 두려움과 걱정이 육아에 대한 책임감은 더 강하게, 죄책감은 더 커지게 만들기도 한다. 아이들의 모든 행동과 생각에서 나의 모습을 마주하게 되는 때가 있다. 이것이 바로 무의식적인 모방행위를 일컫는 심리학 용어로 알려진 '거울 효과(mirror effect)'와 같은 것이다. 아이는 엄마의 모습을 무의식적으로 모방하면서 행동 패턴을 형성하고 문화나 사회 규범을 배우며 성장한다.

"엄마가 없었어도 아빠의 사랑으로 큰 어려움 없이 자랐다고 생각했었어. 근데 내가 아이를 낳고 보니 엄마는 어떻게 해야 되

　　　　　　　　이기적인 엄마가 아이를 잘 키운다

는지 모르겠더라. 나에게도 엄마가 있었더라면 이럴 때 어떻게 했을까? 늘 궁금한 거지. 그 물음표가 지워지질 않는데 눈물이 나더라. 그리고 아이에게 미안한 마음이 들었어.”

한 친구는 자신의 어릴 적 어머니의 빈자리로 인한 결핍을 첫 아이를 출산하고 육아를 하면서 처음 느꼈다고 나에게 털어놓았다. 엄마로서 아이에게 어떻게 사랑을 주고, 표현해야 하는지에 대한 경험이 없어 아이에게 미안함을 느꼈던 경험을 이야기한 것이다. 그러나 아이를 키우며 자신의 결핍까지도 미안함으로 떠안아야 하는 것이 과연 맞는 걸까? 우리는 자라면서 부모님이 내게 보여주신 양육 태도를 보고 학습된 감정들을 내 아이를 키울 때 드러내기도 한다. 내가 받은 것을 내 아이에게 고스란히 전해주게 된다. 그러나 나의 친구처럼 받은 것이 없다고 해서 줄 수 없는 것은 아니다. 재료가 갖춰져 있지 않아 남들보다 준비해야 하는 시간이 더 필요할 뿐이다.

아이를 키우는 엄마들에게 있어 아주 친숙한 단어가 있다. 앞서 이야기했던 ‘엄마의 죄책감(Mom Guilt)’이라는 표현 기억하는가? 맞다, 바로 죄책감이다. 전업맘에 비해 일하는 엄마들의 경우 이 부분에 대해서 심리적인 압박이 더 심하다.

‘애를 떼놓고 일하는 게 맞는 걸까?’

워킹맘은 내 아이의 예쁜 시절도 못 보고 함께 시간을 보내지도 못하면서 마음 고생한 이야기를 한다. 밖에 나가 직장 상사 눈치, 집 안에선 아이들 눈치를 본다. 아이를 시댁이나 친정에 맡긴다면 시부모님이나 친정 부모님께 죄송한 마음에 또 눈치를 보게 된다.

전업맘도 마음 불편한 건 마찬가지다. 일하는 엄마들은 돈이라도 벌지, 집에서 살림하면서 애 하나도 제대로 못 키우냐는 소릴 들을까 노심초사하는 마음이 있다. 아이의 문제가 곧 나의 문제인 듯 동일시하는 마음이 들어서 그렇다. 이 모든 것이 죄책감 때문이다. 죄를 지은 것이 없는데 그런 감정을 왜 느껴야 할까?

소아정신과 전문의 오은영 박사는 한국 엄마들은 모성이 강해서 죄책감이 많다고 주장했다. 아이에게 작은 문제라도 생기면 죄책감이 발동된다. 이럴 때 엄마들의 모성은 견디지 못하고 휘청인다. 아이가 잘 안 먹고, 다른 애들만큼 안 크고, 조금이라도 불편할 거 같으면 엄마들은 아이를 위해 헌신하고 희생하게 된다. 무결점의 결정체인 완벽한 아이를 바라는 마음, 내 아이가 완벽하지 않을까 봐 불안해하는 마음이 불러오는 죄책감이다.

나도 입이 짧아 잘 먹지 않는 두 아이를 키우고 있기에 그 마음이 어떤지 너무도 잘 안다. 타고난 체질이나 성향의 영향도 있고 아무리 애를 태워본들 엄마 마음대로 되지 않는다는 것도 너무 잘 안다. 주변에서 잘 안 먹는 아이 때문에 고민을 토로하는 엄마들도 많은데 그럴 때마다 내가 한 가지 분명하게 말하는 것이 있다.

"절대로 네 탓이 아니야. 아이의 탓도 할 필요 없어."

　　　　　　　　　　　이기적인 엄마가 아이를 잘 키운다

아이가 음식을 잘 먹도록 엄마의 노력이 필요한 것은 사실이다. 하지만 건강상 문제가 되는 것이 아니라면 거기에 얽매여 아이와 엄마가 힘들어지는 일을 할 필요는 없다. 그런 엄마의 모습은 아이에게도 도움이 되지 않는다. 자신으로 인해 엄마가 힘겨워한다고 아이가 느낀다면 그건 더 피해야 할 일이다.

양육에 있어서는 여전히 아빠보다 엄마의 역할이 월등히 크다. 아이들의 건강과 안전을 지키고, 가정에서의 전반적인 가사를 책임지고 아이들 교육과 성장에 집중해야 한다. 가족 구성원 간의 윤활유 역할 또한 엄마의 몫이다. 아이들의 감정적 지지자 역할도 빼놓을 수 없는 중요한 부분이다. 아이들이 힘들어하거나 어려울 때, 엄마는 아이들을 위로하고 격려하여 자신감을 회복시키는 등 감정적인 안정을 책임지는 역할까지 하게 된다.

나 또한 아이들을 키우면서 엄마의 영향력이 아이들에게 아주 중요하다는 사실을 갈수록 더 크게 느낀다. 하지만 엄마는 신이 아니라 한 인간일 뿐인데 엄마들 스스로가 '엄마'라는 존재에게 바라는 모습은 완벽함에 가까워 보인다. 슈퍼맘이 되어도 이것을 다할 수는 없을 것이다. 이 모든 것이 엄마 스스로 욕심을 부린 결과인지, 현재 엄마의 자리에서 살아가고 있는 사람들이 자라나는 환경에서 학습된 결과물은 아닌지, 정말 스스로 생각하고 찾은 답인지 의문이 들었다.

아이를 키우면서 불필요한 죄책감을 갖지 말아야 하지만 사회적 제도와 분위기가 그렇게 만들고 있는 것이 현실이다. 이 많은 것들을 해내지 못했을 때 죄책감을 느끼는 게 과연 맞는지 엄마 스스로가 돌이켜 생각해볼 필요가 있다. 어디서부터 오는 감정인지도 모르고 느끼는 것은 잘못된 것이다. 다른 사람은 몰라도 엄마 스스로는 깨달아야 한다. 죄책감을 짊어지게 만드는 대상이 본인은 아닌지 말이다. 엄마들이 육아를 할 때 필요 이상으로 심하게 자기 검열을 하는 것은 아닌지 생각한다. '그럴까 봐, 그럴 것 같아서'라는 생각에 사로잡혀서 스스로에게 감정적 허들을 세우는 행동을 하고 있을 수 있다.

엄마들의 대표적인 고민은 다들 비슷하다. 아이들의 건강과 안전, 성장과 교육이다. 그중에서도 아이가 아플 때 엄마들이 많이 힘겨워한다. 주변의 많은 엄마들이 하나같이 말한다.

"대신 아파주고 싶어요."

아이가 아직 너무 어린데 아프기라도 하면 엄마들은 그야말로 피가 마른다. 나도 그랬다. 첫째가 세 살이 되던 해 폐렴에 걸려 몸이 불덩이처럼 뜨겁고 축 늘어지는 모습을 처음 본 것이다. 조금 전까지 아무렇지 않게 뛰어놀던 아이가 갑자기 아픈 걸 볼 때 가슴이 철렁했었다. 병원을 가서 진료를 보고 입원을 시킨 후 한시름 놓는 순간 긴장이 풀림과 동시에 생각이 들었다.

'아이가 갑자기 아플 리가 없잖아. 내가 놓친 게 뭐지? 내가 조

금만 더 신경 써줬더라면 고생시키지 않았을 텐데.'

자책이 가득한 말들을 스스로에게 쏟아냈었던 것이다. 아픈 아이를 보고 있자면 아픈 것도 엄마 탓인 것만 같은 마음이 들어서 힘겨워한다. 나도 예외가 아니었다. 경험해보고서야 깨달은 거지만 자책은 아이에게도 엄마에게도 전혀 도움 되지 않는다. 벌어진 일에 대한 후회보다는 해결하는 것에 집중하는 것이 더 중요하다. 엄마들이 자책하며 에너지를 소모하는 것은 아이와의 시간을 보낼 때 사용되어야 할 전력을 낭비하는 것이다.

"완벽한 엄마가 되려 하기보다 충분히 좋은 엄마가 되어라."

영국의 소아과 의사이자 정신분석학자인 도널드 위니컷(Donald Woods Winnicott)의 말이다. 아이의 기본적인 정서적 요구에 민감하게 반응하는 엄마의 모습과 태도만으로도 아이에게 가장 안정적이고 건강한 환경을 제공해줄 수 있다. 엄마와 아이 모두에게 도움되지 않는 불필요한 엄마의 자책과 과도한 죄책감은 서로의 행복을 위해서 내려놓도록 하자.

애착 형성이
전부가 아니다

　대부분의 엄마들은 아이가 안정되게 잘 크기를 바란다. 그런 마음에 '내가 아이와 애착 형성을 제대로 못한 건 아닌가?' 걱정하는 경우가 생긴다. 나 역시 애정욕구가 많은 21개월 터울의 연년생 남매를 육아하면서 애착 형성에 대한 불안도가 높았다. 둘째 출산 후 첫째에게 동생에 대한 스트레스를 주지 않으려고 나름 노력했다. 하지만 기질적인 부분은 별개의 문제였다. 실제로 육아를 하다 보면 늘 이론과 현실은 차이가 있다는 것을 느낀다. 한 인간을 완전히 만족시킨다는 것이 가능한 일일까? 사람의 욕구에서 그것도 애정 부분에 있어서는 지극히 주관적인 감정이기에 더 어렵게 느껴진다. 그러나 아이를 키우는 과정에서 애착 형성에 문제가 있을 때 벌어지는 일들에 대한 결과들은 엄마로 하여금 불안을

　　　　　　　　　　　이기적인 엄마가 아이를 잘 키운다

증폭시킨다.

　나 또한 첫째가 여섯 살이 되던 무렵 그랬다. 아이에게서 평소와 다른 행동과 표현을 느꼈을 때, 그 순간 내가 알고 있는 육아 서적과 전문가들의 연구 결과들이 주장하는 내용들이 나의 눈과 귀를 사로잡아 손발을 묶어놓고 괴롭히는 것처럼 느껴졌다. 관심과 애정이 채워지지 않아 감정적으로 힘들 때 서운한 감정을 느끼는 것은 당연하다. 어른이 된 부모도 마찬가지다. 감정의 대물림을 원하는 엄마는 없다. 과도한 애착 형성이 아이들의 사회성 결여의 원인으로 부각되는 현재의 상황에서 애착 육아를 반드시 해야 될까 질문을 한다면 육아 전문가들은 '그렇다'라고 답할 것이다. 그러면 어느 정도가 적당한 것일까?

　영국의 정신분석가이자 아동 정신건강 전문가인 존 볼비(John Bowlby)는 애착이론(Attachment Theory)을 제창한 인물이다. 애착이론은 발달 심리학과 아동 복지, 부모 교육 등에 커다란 변화를 가져온 중요한 이론으로도 알려져 있다. 이는 영유아가 주 양육자(대개 엄마 또는 엄마 역할을 하는 사람)와 맺는 정서적 유대가 이후 전 생애에 걸쳐 대인관계 및 심리적 발달에 지대한 영향을 미친다고 설명한다. 그리고 아동과 주 양육자 간의 깊은 정서적 유대가 인간 발달과 대인관계 형성의 근간이라는 사실을 밝혀냈다.

　현재 우리가 흔히 접하는 안정애착, 불안-회피 애착, 혼란(혼돈)형 애착과 같은 말들 역시도 애착이론에서 출발한 정서적 유대 개념에서 비롯된 것이라 볼 수 있다. 나아가 자라면서 다른 사람과 강한 감정적인 연결을 형성하는 감정 애착(Emotional Attachment) 역시 어린 시기에 부모나 보호자와의 상호작용에서 형성되는 것으로 알려져 있다. 이러한 감정적인 연결은 아이로 하여금 자신이 안전하고 안정적인 상태라고 느끼도록 도와준다는 것이다. 감정 애착이 형성되지 않은 경우 부모나 또 다른 사람들과의 상호작용에서 발생하는 문제나 자기 인식이 불안정한 상태를 겪는 경우도 있을 수 있다. 그게 사회성 결여로 연결된다고 이야기 하는 셈이다.

하지만 초기에 원만하지 못했던 애착이 앞으로도 영영 회복되지 못한다거나, 아이가 충분히 잘 자랄 기회를 놓친다는 뜻은 아니니 과도한 염려와 걱정은 하지 말자. 나도 첫째의 애착에 대한 염려로 밤을 지새며 고민했던 적이 있다. 언제나 그렇듯 마음가짐이 중요하다.

애착이론에서 말하는 '안정 애착'이 아동 발달에 유익한 영향을 미치는 것은 사실이지만 애착 유형이 한 번 결정되었다고 해서 영원히 고정되지는 않는다. 애착 형성을 제대로 못 했다고 해서 엄마가 아이의 인생을 망친 것은 아니다. 아이가 성장하는 동안 긍정적인 관계를 경험하고, 엄마와 아이의 노력에 따라 불안정했던 애착도 시간이 흐르면서 새롭게 자리 잡는다.

다시 말하지만 육아에 있어서 아이와의 애착을 형성하는 것은 중요한 부분이다. 하지만 그것이 엄마와 아이 둘만의 영역은 아니다. 애착 형성은 심리적 안정감을 갖게 하는 것이므로, 그 관계의 대상이 아빠이거나 조부모 또는 이모나 고모든 확실한 심리적 지지자만 있어도 충분할 수 있다.

애착 형성에 몰두해서 다른 것들을 놓치는 오류를 범하는 행동은 하지 말아야 한다. 오직 애착 형성만을 우선순위에 두고 달리다 보면 모든 에너지를 거기에 집중하게 된다. 그러면 엄마 스스로의 휴식과 감정을 돌볼 여유가 사라져 스트레스나 번아웃 상태에 빠질 위험이 커진다. 양육자의 에너지가 고갈되면 애착 형성을 위한 일관된 대응 역시 불가능해진다. 마음처럼 되지 않는 상황이 왔을 때 '이렇게까지 했는데 왜 이런 거야?'라는 생각이 들면 엄마들은 지친다. 결국 아이에게도 도움이 되지 않는다.

또 일률적인 애착 육아만 고집하는 것도 문제를 일으킬 수 있다. 엄마의 지나친 개입으로 정서 교류에 집중하면 오히려 아이가 스트레스를 받거나 거부감을 느끼는 역효과가 생길 수도 있다. 애착의 본래 취지는 아이가 부모라는 안전 기지를 통해 새로운 환경을 탐색하고 다양한 관계를 맺도록 돕는 것이다. 그런데 애착 형성을 이유로 엄마가 아이와 필요 이상으로 붙어 있을 경우 자율성과 사회성 발달을 저해하는 일이 생길 수도 있다.

아이의 기질적 특성이나 주변 환경, 일시적인 컨디션 문제 등이 작용한 것일 수도 있는데 이를 전부 애착 문제로 연결하는 것도 경계해야 한다. 이를 양육 실패로 여기고 엄마가 부담감을 느끼는 상황도 무시할 수 없다. 현실적인 여건을 고려하지 않은 채 이상화된 애착 목표를 추구하는 것은 엄마와 아이 모두에게 큰 스트레스를 유발한다.

따라서 애착 형성이 아이 발달에 중요한 요소임을 기억하면서도 엄마 자신의 휴식과 정서적 안정을 우선으로 챙기자. 아이의 개별적인 욕구를 존중하며, 주변의 여러 자원을 적극적으로 활용하는 균형 잡힌 접근이 필요하다. 애착 형성에서 가장 중요한 것은 '완벽함'보다는 '부족함을 인정하고 함께 채워 나가려는 노력'이면 된다.

서로의 관계가 삐걱댔다 하더라도 다시 해보자는 생각으로 마음을 열고 대하면, 아이는 '내가 힘든 순간에도 엄마가 곁에 있구나' 하고 느낄 수 있다. 그러면서 서서히 서로간에 신뢰가 쌓이고, 안정 애착을 향해 나아갈 발판이 마련될 것이다.

반복해서 실수를 하더라도 그 이후에 서로의 감정을 나누고 풀어 가는 시간이 무엇보다도 소중하다. 이 과정을 통해 아이는 '엄마도 실수할 수 있지만 다시 나와 관계를 회복하려 애쓴다'는 사실을 알게 된다. 이것을 통해 세상에 대한 긍정적인 인식 또한 키워간다.

결국 애착이란 단 한 번의 실수나 성공으로 판정되는 것이 아니라, 매일의 작고도 소중한 상호작용이 쌓여 만들어지는 오랜 여

　　　　　이기적인 엄마가 아이를 잘 키운다

정이다. 아이의 마음을 이해하고, 일관된 관심과 사랑을 전달하기 위해 노력한다면, 애착은 다시금 건강한 형태로 꽃피울 가능성을 충분히 품고 있다. 이렇게 현실에 맞추어 유연하게 대응할 때, 비로소 애착의 장점이 제대로 발현되며 엄마와 아이 모두가 건강한 관계 속에서 성장할 수 있다.

육아에 있어서 절대적인 것은 없다. 육아에 관한 수많은 정보들은 참고용으로만 사용하자. 항상 모든 해답은 내 안에 있다는 것을 기억하고 엄마 스스로 중심을 잘 잡고 나아가길 바란다.

엄마가 필요한 게 아니라 엄마 역할이 필요하다

아이는 엄마 손에서 자라야 한다는 말을 들어본 적이 있는가? 나는 첫째 아이가 21개월이었을 때 둘째를 출산하게 되어 첫째의 어린이집 입소를 결정하면서 주변에서 저런 말을 참 많이 들었다.

"아이가 아직 어린데 엄마가 품에 딱 끼고 키워야 돼. 그래야 애들이 안정감 있게 잘 자라지."

"아이들은 엄마 손에서 커야지."

그때의 나는 피치 못할 상황으로 인한 선택이었기에 크게 신경 쓰진 않았었다. 하지만 저 사람들은 왜 아이는 엄마 손에서 커야 한다고 생각했을까? 엄마 손이 아닌 다른 손을 빌리면 안 된다 생각한 이유는 뭘까?

첫 출산을 하고 산후조리를 하던 때 축하 속에서 가장 많이 들었던 말은 "몸 생각해서 잘 챙겨 먹어야 한다."였다. 출산을 겪고 몸을 추스르는 사람에게는 내 걱정을 해주는 그 말 한마디가 감사했다. 그런데 그 후 이어지는 말들은 아기를 키우려면 엄마가 건강해야 된다는 내용이 대부분이었다.

아무리 좋은 뜻을 담은 말이라도 계속 듣다 보면 반갑지 않을 때가 있다. 그래서인지 계속된 그 말들이 엄마가 된 나를 걱정하는 것이 아닌 아기를 키우기 위해 엄마가 된 나의 건강이 중요하다는 이야기로 받아들여졌다. 이제부터 나는 맘 놓고 아플 수도 없는 건가 싶은 생각이 머리를 스쳐 지나갔다. 몸이 다 회복되지도 않은 상태에서 느끼는 부담감은 커다란 돌덩이를 짊어진 듯 무겁게 다가왔다. 엄마가 된다는 것에 대한 부담감과 책임감을 단한 번이라도 고민해본 적이 있다면 그 마음에 대해 공감할 거라 생각한다.

우리나라에서는 모성애를 유독 강조한다. 아이를 키우는 데 있어서 모성애가 필요하긴 하다. 그러나 아이를 돌보는 행동은 본능보다는 책임감에서 나오는 것이 더 큰 것 같다. 'KOSTAT 통계 플러스' 조사 결과에 따르면 2021년 기준 11만 명이 넘는 남여(남성 비율 26.3퍼센트, 여성 비율 73.7퍼센트) 직장인이 육아휴직 급여를 지급받았다. 일을 잠시 내려놓고 육아 현실에 뛰어든 사람이 11만 명이 된다는 의미다. 저출산 문제와 여러 가지 보육환경 개선을 위한 목적으로 정부의 육아휴직 기간의 확대와 급여 인상 등의 개

편이 이루어졌다. 달라진 정부 지원으로 인해 자신의 커리어를 포기하고 아이를 위한 선택으로 육아휴직을 신청하는 엄마들이 과거에 비해 더 많아진 것이라고 볼 수 있다. 출생아 부모의 육아휴직 사용률은 2020년 조사 기준 24.2퍼센트로 꾸준히 증가하는 중인 것으로 나타났다. 여성의 육아휴직 사용률이 63.9퍼센트인 것에 비해 남성은 3.4퍼센트로 여성의 사용률에 비해 월등히 낮다. 이런 결과를 보고 누군가는 '그래, 아이는 엄마가 키워야지' 라고 당연하게 여길지 모른다.

이 조사 결과는 어쩌면 너무도 당연한 것이다. 임신 후 출산을 거치면 당연히 몸을 회복하고 신생아 시기의 아이를 보살피는 데 필요한 시간이 반드시 필요하기 때문이다. 하지만 그 일정 시기를 지난 뒤에도 반드시 아이는 엄마가 키워야 한다는 인식은 점차 사라지고 있다. 엄마가 절대적으로 주 양육자의 자리를 지켜야 아이가 잘 자라는 것은 아니다. 주 양육자가 엄마가 아닌 아빠인 가정도 있고, 요즘에는 맞벌이 가정이 많기에 아이들의 할머니, 할아버지가 아이를 보살펴주시는 가정도 많다. 엄마가 필요한 것이 아니라 엄마의 역할을 제대로 해줄 존재가 필요할 뿐이다. 그렇다고 해서 엄마가 불필요하다는 뜻은 결코 아니다. 다만 '아이를 낳은 엄마'라는 사실만으로 자동적으로 양육자의 역할을 수행해야만 하는 것은 아니라는 것이다.

단순히 엄마이기 때문에 아이에게 이롭다고 이야기하는 것에

동의하지 않는다. 엄마가 되었음에도 모성애가 부족한 것 같아서, 아이를 본래 좋아하는 편이 아닌데 이런 내가 아이를 잘 키울 수 있을지 고민하는 엄마들이 있다. 대부분 속상해하면서 아이에게 죄짓는 마음이 든다는 말을 하는 것을 볼 때는 과연 이것이 맞는 것인가 하는 생각도 든다. 아빠나 조부모 혹은 다른 사람이라 하더라도 상호작용의 질이 높다면 엄마 못지않게 아이의 주 양육자로서 엄마의 역할을 대체할 수 있다.

앞에서 언급한 육아휴직 급여 수급자 중 남성 비율이 점차 늘어나고 있다는 것은 육아의 주 양육자에 대한 인식이 조금씩 개선되고 있다는 증거이기도 하다. '육아 대디'라는 신조어가 생겨날 만큼 육아에 적극적인 아빠도 많아졌다. 오히려 엄마보다 더 육아를 잘 하고, 적극적인 아빠들도 주변에서 많이 접한다.

발달심리학자 마이클 램(Michael E. Lamb)의 '아빠가 주 양육자로서 어떻게 아이에게 긍정적인 영향을 미치는가'를 주제로 한 연구가 있다. 그에 따르면 아빠가 적극적으로 양육에 참여해 충분한 보살핌과 정서적 지지를 제공할 경우, 아이의 사회성이나 정서적 안정이 오히려 높아지는 경향을 보였다고 한다. 이는 곧 양육자가 엄마냐 아빠냐가 중요한 게 아니라 아이에게 민감하고 일관되게 반응하는 태도가 핵심임을 알게 해준다.

영국 케임브리지대학의 심리학자 수잔 골롬복(Susan Golombok)은 한부모 가정, 동성부부 가정, 입양 가정 등 전통적이지 않은 가족 구조에서 자라는 아이들의 발달 결과를 장기간 추적, 분석했다. 그 결과, 부모의 성별, 혈연관계보다는 어떤 태도로 아이를 돌보는가가 훨씬 더 큰 영향을 미친다는 사실이 거듭 나타났다. 즉, 새로운 형태의 가정에서 자란 아이들 역시 안정된 애착 형성이 이뤄지고, 주 양육자가 꾸준히 관심과 지지를 보내주기만 한다면, 심리적·인지적으로 건강하게 성장할 수 있음이 데이터로 확인된 것이다.

이처럼 아이 발달에서 중요한 것은 주 양육자와의 관계적 질이다. 아이가 '내가 힘들 때 언제든 돌아갈 수 있는 안전 기지가 있다'고 느끼도록 해주는 존재가 필요할 뿐, 그 역할을 맡는 이가 꼭 엄마일 필요는 없는 셈이다.

나는 맞벌이를 하셨던 부모님으로 인해 할머니의 손에서 자랐다. 개인적으로 되돌아봤을 때 얻은 것이 더 많다고 생각한다. 어른들과의 소통에 있어서도 큰 어려움 없다. 배려와 절제에 대해서도 긍정적인 영향을 받은 부분이 있다. 오히려 할머니 품이었기에 사랑은 더 폭넓게 받았다 생각한다. 스스로 느끼는 부족함이나 결핍 또한 크게 없고, 엄마와의 애착이나 애정지수에 대해서도 남들과 견주어보았을 때 별 차이가 없다. 엄마가 아이를 키우지 않아서 아이에게 영향이 가는 것이라고 단정 짓기보다 그 아이의 기질과 생활환경이 어우러져 나타나는 결과라고 보는 것이 더 알맞다. 애초에 엄마가 그 역할을 해주는 분들은 이런 고민은 할 필요가 없다. 엄마가 그 자리를 채우지 못하는 상황에 놓여 있다고 해서 엄마 스스로 아이에게 결핍이 있지 않을까 염려할 필요도 없다. 그런 엄마에게 책임을 다하지 못한다는 듯 상처가 되는 말과 행동을 전해서도 안 된다. 주 양육자가 누구든 상관없이 아이를 잘 이해하고, 충분히 사랑해주고 지지해줄 수 있으면 된다.

결국, 아이에게 진정 필요한 것은 '이름만 엄마'인 존재가 아니라, 주 양육자 역할을 책임감 있고 일관되게 수행해줄 존재다. 아이가 느끼기에 '내가 힘들고 두려울 때, 감정을 알아주고 돌봐줄 사람이 있다'는 믿음이 형성되면, 아이는 보다 안정적으로 새로운 경험과 사회적 관계를 확장해나갈 수 있다.

완벽주의는
가장 높은 수준의 자기학대다

아이를 잘 키워야겠다고 생각하는 것은 엄마들에게 너무나 당연한 일일 것이다. 그렇게 목표를 세우고 달릴 준비를 한다. 하지만 그 과정에서 실수를 용납하지 못하는 마음은 완벽주의자들에게서 나타난다. 완벽주의적 성향의 엄마의 경우엔 육아도 완벽하게 하고 싶어진다. 좀 더 많은 정보를 가지고 싶고, 더 잘하고 싶고 앞서 나가서 끌어가고 싶은 욕구가 생긴다. 어떤 문제를 만나도 척척 해결해나가고, 남들이 부러워할 육아 스킬을 갖추고 싶은 마음이 생겨난다. 아이가 커갈수록 그 마음은 점점 더 강해진다.

완벽함을 추구하는 것이 언뜻 보면 아이를 위하는 것처럼 보인다. 그러나 실제로는 엄마의 자기 만족에 가깝다. 깔끔하게 정돈된 집, 쾌적한 환경을 유지하고 살고 싶은 마음이 든다. 아이의 놀이방도 모델하우스를 옮겨 온 것마냥 예쁘게 꾸며놓고 유지하며 살고 싶다. 그래서 아이가 장난감을 가지고 놀면 바로바로 치우기 바쁘다. 하나라도 흐트러지면 치우기 바쁘다. 온종일 그 행동을 반복하느라 자기도 모르게 지친다. 그러나 그게 유지되지 않는 게 더 괴로워서 멈출 수가 없다. 끊임없이 쓸고 닦고 치운다.

내가 딱 그런 스타일이었다. 살면서 단 한번도 내가 완벽주의 성향이 있다고 생각해본 적이 없었다. 그러나 출산 후 내 의지와 상관없이 어지럽혀지는 집을 볼 때 깨달았다. 잘 정돈 되어진 집에 대한 약간의 강박이 내게 있다는 사실을 말이다.

아이를 키우면서 완벽하게 결점 없는 육아를 해낼 수 있다면 문제가 없겠지만 그건 불가능에 가깝다. 육아에서 완벽주의는 엄마와 아이 모두에게 심리적 부담을 준다. 육아의 질을 떨어뜨릴 수밖에 없다. 엄마의 효능감이 떨어지면 육아 과정에서 발생하는 사소한 실수나 계획대로 되지 않는 일상생활에 민감하게 반응하게 된다.

엄마 스스로 무엇에 집중할 것인지를 객관화할 필요가 있다. 육아를 하면서 시기별로 체크해야 하는 부분이 있고, 아이의 성장에 맞게 엄마도 변화되어야 하는 부분이 있다. 엄마도 가정도 여기에 맞추어 따라가야 한다. 그런데 완벽해지고 싶은 마음에 자꾸만 자신의 규칙과 기분을 고집하며 지켜나가려 한다면 육아는 고단해질 수밖에 없다. 완벽함을 추구하는 것이 무조건 나쁘다고 할 수는 없지만 적당한 선에서의 내려놓음과 인정은 필요하다.

자아 존중감과 건강 심리학을 연구하는 미국의 볼 주립대학 (Ball State University) 심리학 교수 헤더 M. 시만스키(Heather M. Szymanski)가 그의 제자 케리 L. 바든(Kerri L. Barden)과 함께 발표한 논문 「완벽주의적인 성향을 가진 부모들의 육아 스타일과 부모가 육아에 느끼는 죄책감 간의 관계」에 따르면, 완벽주의적인 부모들은 자신의 육아 능력에 대한 기대가 높아짐에 따라 육아에 대한 죄책감이 더 많이 발생한다.

미국 위스콘신대학의 심리학 교수인 켈리 윤(Kelly Yuen)과 우베 휘브너(Uwe Hübner)의 연구 논문 결과에는 부모의 스트레스 수준이 높아질수록 완벽주의적인 육아 스타일이 더 많이 나타나며, 이러한 완벽주의적인 스타일은 부모와 아이 사이의 의사소통을 방해한다고 한다. 나아가 아이의 성장 발달에 부정적인 영향을 미칠 수 있다는 것을 보여준다.

완벽주의자들은 완벽한 상황을 위해 자신을 굉장히 많이 통제한다. 그래서 감정을 컨트롤하는 데 어려움을 겪는 경우도 더러 있다. 이유를 알지 못하는 짜증과 답답함을 느낀다. 스스로 인지하지 못할 뿐 자신이 정해놓은 대로 흘러가지 않을 때 스트레스가 커진다. 아이와 함께하다 보면 변수가 너무도 많다. 그런데 거기서 완벽을 추구하려 든다면 그 모든 변수가 다 불편한 것으로 느껴질 것이다. 나아가서 아이조차 자신을 방해하는 요소로 생각되

   이기적인 엄마가 아이를 잘 키운다

면 불편한 존재로 여겨지는 상황을 맞을 수도 있다. 참고 견디다가 아이에게 화를 쏟아내고 후회하는 엄마들이 많다. 지금은 그렇지 않지만 나도 경험자다. 이건 완벽주의가 아닌 보통의 엄마들도 한 번쯤은 경험해본 적 있을 것이다.

완벽주의 엄마들은 본인뿐만 아니라 아이에게도 지나치게 높은 기준을 적용하기도 한다. 아이의 작은 잘못이나 실수에도 예민하게 반응하는 경우도 있다. 내 아이가 작은 일이라도 실패하거나 실수하는 것을 염려하는 마음에서 아이 스스로 시도할 수 있는 기회를 빼앗아버리기도 한다. 이것이야말로 아이의 자율성과 자기주도성 발달을 저해하는 행동이다. 아이의 심리적 위축으로 인한 애착불안으로 이어질 수 있다. 그러다 보면 아이는 '엄마가 나를 평가하고 비난만 한다'고 느끼게 된다. 조금만 잘못하면 엄마에게 혼나거나 엄마가 실망할 것이라는 두려움을 아이가 내면화하는 상황이 오는 것이다. 그 결과 아이는 엄마와의 관계에서 위축되거나 반대로 반항적인 태도를 보일 수 있다. 특히 아이가 성장하여 사춘기에 접어들 때는 이런 갈등이 더욱 심해질 수 있다.

잘하고 싶은 마음이 커질수록 내려놓는다는 것은 결코 쉬운 일이 아니다. 적당히라는 말이 스스로 용납이 안 될 수 있다. 대충하라는 말이 누구보다 듣기 싫은 말일 것이다. 스스로가 용납이 되지 않아서 괴로운 건 당연하다. 그런데 당연하다고 여기고 받아들이는 연습을 해야 한다.

완벽주의 성향 엄마가 편안한 육아를 하도록 돕는 방법

1. 자기자비(Self-Compassion) 훈련

미국 텍사스대 교수인 크리스틴 네프(Kristin Neff)의 연구에 따르면, 자기자비는 자신의 불완전함·실수·결점에 대해 따뜻하고 이해심 있게 반응하는 태도를 말한다. 완벽주의 성향을 지닌 엄마는 자신의 작은 실수에도 혹독한 비판을 쏟아붓는 경우가 많은데, 자기자비를 연습하면 불필요한 죄책감과 자책을 줄이고, '지금의 나도 괜찮다'는 긍정적 인식을 키울 수 있다.

- 실천 방법 1) 관찰하기: '내가 지금 화가 나거나 스스로를 비난하고 있구나'라고 감정을 있는 그대로 알아차려주자.

- 실천 방법 2) 이해와 공감하기: '어쩌면 누구라도 이런 상황에서 힘들 수 있어'라는 식으로 공감적 시선을 스스로에게 보여주자.

- 실천 방법 3) 따뜻한 언어 사용하기: 마음속으로 '괜찮아, 나도 사람이고 실수할 수 있어'라고 말하거나, 스스로에게 짧은 편지를 써보며 긍정의 언어를 적극 활용해보자.

2. '충분히 좋은 엄마' 원칙 되새기기

영국의 소아과 의사이자 정신분석가인 도널드 위니컷이 제안한 개념으로, 엄마가 완벽할 필요는 없으며, 아이가 안전감을 느낄 수 있는 '충분히 좋은' 양육만 제공해도 된다는 것을 강조한다. 육아에 대한 과도한 책임감을 덜어내고, 아이와 함께 실수하면서도 회복해가는 과정을 자연스러운 발달로 받아들이도록 돕는다.

- 실천 방법 1) 스스로 기준 낮추기: 매일 100퍼센트 해내야 한다가 아니라 오늘은 60~70퍼센트 정도면 충분하다는 식으로 현실 가능한 목표를 세워본다.

- 실천 방법 2) 결과보다 과정을 중시하기: 아이가 밥을 흘려서 아이에게 짜증을 냈더라도, 그 후에 함께 감정을 풀고 해결책을 찾는 과정을 소중히 여긴다.

3. 인지행동치료적 접근: 생각의 오류 점검하기

인지행동치료(CBT, Cognitive Behavioral Therapy)는 왜곡된 사고방식을 스스로 점검하고 교정해나가는 방법이다. 완벽주의 엄마에게 흔한 오류 중 하나는 조금이라도 틀리면 모두 망한다(All-or-Nothing Thinking)는 식의 극단적 사고다. 자신이 갖는 부정적 예측이나 과잉 일반화를 논리적으로 되짚어보고, 더 유연한 해석을 도입함으로써 완벽주의적 부담을 줄일 수 있다.

- 실천 방법 1) 사고기록지 활용: 하루 중 이걸 못하면 큰일 날 것 같은 불안한 생각이 들 때 이를 적어본 뒤, '정말 그런가? 과

장된 부분은 무엇인가?'를 살펴본다.

- 실천 방법 2) 대안적 사고 찾기: '오늘 아이가 밥을 조금 흘렸다고 해서 건강이나 성장에 치명적 영향을 주지 않는다. 나는 최선을 다했고 이건 아주 작은 일이다' 같은 대안적이고 균형 잡힌 생각을 써본다.

4. 역할 모델링으로 '불완전함'을 보여주기

완벽주의 엄마들은 아이 앞에서 모든 것을 잘 해내려고 노력한다. 그러나 연구에 따르면, 엄마가 실수하는 모습을 보이고 그걸 수습하는 과정을 아이가 지켜보는 것도 긍정적 학습 기회가 된다. 아이는 '엄마도 때로는 시행착오를 거치는구나. 그래도 괜찮구나'라는 사실을 자연스레 깨닫게 된다.

- 실천 방법 1) 작은 실패 인정하기: 요리하다가 태웠을 때 "엄마도 이럴 때가 있네! 어떻게 하면 다시 맛있게 만들 수 있을까?"라고 말해본다.

- 실천 방법 2) 회복 과정 언어화하기: "오늘 엄마가 좀 화를 냈는데, 사실 나도 기분이 안 좋았어. 하지만 미안하다고 말하고 다시 잘해보려고 해. 우리 같이 방법을 생각해보자."

- 실천 방법 3) 긍정적 피드백 주고받기: 아이가 엄마의 시도나 회복 노력을 보는 과정에서 배운 점을 스스로 말할 수 있게 격려한다.

5. 마음챙김과 이완 기법 활용하기
마음챙김 명상이나 이완 기법은 불안을 유발하는 자동적 생각과 육체적 긴장을 낮추는 데 효과가 있다고 입증되었다. 완벽주의적 사고에 빠질 때, 잠시 호흡에 집중하거나 이완 훈련을 함으로써 감정의 급상승을 가라앉히고 객관적 시각을 되찾을 수 있다.

- 실천 방법 1) 1분 호흡 명상: 하루에 여러 번, 딱 1분이라도 눈을 감고 호흡에만 집중해보는 시간을 갖는다. 생각이 떠오르면 떠올랐구나 하고 인식하고 다시 호흡으로 돌아온다.

- 실천 방법 2) 신체 감각 점검: 어깨나 목 등 긴장된 부위를 부드럽게 움직여 이완을 유도하고, 몸의 감각에 집중함으로써 현재 순간에 머무른다.

완벽주의 성향을 지닌 엄마들이 완벽주의를 내려놓으려면, 우선 자신의 내면적 욕구와 생각의 패턴을 인지하고, 그것을 더 부드럽고 유연한 형태로 조정하려는 노력이 반드시 필요하다. 위에서 제시한 방법들은 심리학 분야에서 효과가 검증된 방법들이니 본인 생활 패턴에 맞춰 하나씩 시도해보는 것도 좋겠다.

육아는 '부족해도 괜찮다'는 마음으로 엄마와 아이가 함께 성장하는 과정이라는 사실을 기억하는 것이 필요하다. 완벽이라는 이상을 내려놓고, 서로의 결점과 실수를 따뜻하게 인정해주는 경험이 쌓일수록, 엄마도 아이도 더 자유롭고 안정된 마음으로 일상을 누릴 수 있게 될 것이다. 완벽주의 성향을 내려놓기 위해 일상에서 바로 시도해볼 수 있는 작은 실천들을 정리했다.

완벽주의를 내려놓기 위한 일상의 작은 실천들

1. '이 정도면 충분하다' 목표 세우기

- 오늘의 우선순위 세 가지 정하기: 매일 아침(혹은 전날 밤)에 내가 오늘(내일) 반드시 처리해야 할 일을 딱 세 가지만 정해보자. 예를 들어 '아이와 30분 동안 놀아주기, 저녁에 20분 요가하기, 내일 할 일 정리하기'처럼 구체적으로 적는다. 이외의 나머지 일들은 시간이 되면 할 수 있는 부차적 일로 분류하고, 이 세 가지만 해내도 오늘 하루는 충분히 잘 해냈다고 스스로를 인정해준다.

- '이 정도도 괜찮다'라고 말하는 연습하기: 식사를 차릴 때, '반찬이 세 가지면 되지 않을까?' 하고 결심한다. 완벽주의 엄마들은 종종 한 끼 식사에도 여러 가지 반찬을 마련하려다 스트레스가 커진다. '이 정도만 해도 영양소 골고루 들어가고 아이가 잘 먹을 수 있어!'라고 자기 대화를 통해 기준을 낮춘다.

2. 작은 실패 받아들이는 훈련하기

- '오늘의 작은 실패'를 찾아 기록하기: '실패 일기' 형태로 시

도해볼 수 있다. 예를 들어, "오늘 아이에게 책 읽어주기 약속을 깜빡했다. 대신 잠들기 전에 5분만 간단히 아이와 책을 보며 만회했다." 이런 식으로 적어보자. 실패 자체보다 실패 후 내가 어떻게 대응했고, 그 결과가 생각보다 괜찮았다는 사실을 확인하는 것이 중요하다. 이를 통해 완벽하지 않아도 일상을 운영하는 데 큰 문제가 없다는 점을 서서히 체득한다.

- 아이와 함께 '실수 OK' 놀이하기: 색칠놀이나 미술놀이 시간에 일부러 선을 벗어나게 칠하거나, 엉뚱한 그림을 그려놓고 서로 웃고 넘긴다. 이 과정을 통해 엄마 또한 실수해도 문제가 생기지 않는다는 체험을 하게 되고, 아이에게도 자연스럽게 관용적 태도를 길러줄 수 있다.

3. 소통과 관심, 관계 '질'에 초점 맞추기

- 10분 집중 대화하기: 아이가 말을 걸 때마다 완벽히 대응하긴 어렵지만, 10분 동안만은 스마트폰을 내려놓고 아이 눈을 보며 대화에 집중하자고 정해두는 것이다. 이 10분이 하루 종일 이뤄지는 수많은 '설렁설렁 대답'보다 훨씬 아이에게 큰 안정감을 줄 수 있다. 완벽하게 24시간 엄마 역할을 못 하더라도, 짧은 집중 시간이 쌓이면 아이와 엄마 모두가 심리적으로 충만함을 느끼게 된다.

- '청취'에만 집중하기: 때론 아이에게 조언하거나 해답을 주고

싶은 마음이 찾아온다. 이때 '지금은 듣기만 해주자.' 생각하고 아이의 말을 끝까지 들어주는 것도 훌륭한 방법이다. 실수해도 괜찮고, 정답이 없어도 된다는 메시지를 '경청'을 통해 아이에게 전할 수 있다.

4. 현실적인 자기 돌봄 루틴 만들기
- 나만의 휴식 리추얼 마련하기: 아침에 일어나자마자 창문 열고 1분 동안 깊게 숨 쉬기, 커피 마시면서 3분만 멍 때리기 같은 짧은 루틴을 만들어서 실천해보자. 복잡한 명상이나 요가 프로그램이 아니더라도, 매일 1~2분의 짧은 의식이 쌓이면 큰 심리적 여유를 가져다주는 효과가 있다.
- 주 1회 '혼자만의 시간' 확보하기: 육아에서 완벽을 추구하는 이유 중 하나가 내가 없으면 안 된다는 책임감일 수 있다. 주말이나 특정 요일 하루만이라도 배우자, 부모님, 친구의 도움을 받아 한두 시간 혼자 외출하거나 취미 활동을 해보자. 자신도 계속해서 '만능 엄마'로 남아 있을 수 없다는 사실을 일상 속에서 확인하게 되면, 완벽주의의 부담이 다소 해소될 수 있다.

5. '불완전함'을 아이에게 드러내기
- 유쾌한 실패 시연하기: 요리 중 작은 사고(양념을 잘못 넣거나 음식이 탔을 때)를 대수롭지 않게 넘기면서 아이에게 "엄마도 이

   이기적인 엄마가 아이를 잘 키운다

'완벽하지 않아도 괜찮은 삶'에 익숙해지는 것에 집중해보자. 완벽주의를 단숨에 내려놓기는 어렵다. 하지만 일상에서 작고 구체적인 실천들을 해나가면서 서서히 '아, 이 정도로도 충분히 엄마 역할이 가능하구나.'라는 확신을 얻을 수 있다. 그 과정에서 스스로도 한결 마음이 편해지고, 아이 역시 조금 서툴러도 괜찮다는 안도감을 느끼며 성장하게 될 것이다.

결국 완벽주의는 아이에게 최선을 주고 싶다는 엄마의 진심 어린 마음에서 비롯되지만, 그 마음이 지나친 부담감으로 변질되면 모두가 힘들진다. 작은 실패를 웃어넘기고, 한꺼번에 열 가지를 해내려 하기보다 단 세 가지만 충실히 해보며, 엄마와 아이가 함께 시행착오를 겪는 자연스러운 삶에 익숙해지는 것이 중요하다. 그럴 때 비로소 엄마 자신도 일상 속에서 여전히 완벽하지 않지만 충분히 괜찮다는 따뜻한 자기 수용을 경험하게 될 것이다.

세상에 완벽한 것은 없다. 이상적인 바람을 완성시키려고 엄마 자신을 비롯해 사랑하는 아이와 가족을 힘들게 하는 일은 없어야 한다. 엄마가 완벽주의를 내려놓는 것이 아이와 엄마 모두의 정신 건강에 긍정적이라는 것을 기억했으면 좋겠다.

풍요로워질수록 불행은 더 커지는 세상

엄마들은 아이에게 쓰는 돈은 아끼지 않는다. 아이들을 위해서라면 못할 게 없다는 마음은 엄마라면 당연한 것이다. 이 부분에서는 나도 다를 바 없는 엄마다. 하지만 물질적으로 채워준다는 의미는 아니다. 일반적으로 돈이 많으면 더 행복할 것이라고 생각하기 쉽지만 반드시 그렇지는 않다. 때로는 결핍이 가져다주는 긍정적 효과가 더 클 수도 있다. '물질적으로 풍요로운 환경에서 자라는 아이들이 왜 불행감을 느끼는가' 하는 질문은 겉보기에는 모순처럼 느껴질 수 있다. 돈이 많고 좋은 교육 기회가 주어지면 모든 조건이 완벽하다고 생각하기 마련이다. 하지만 정서적·관계적 요인이 충분히 충족되지 않을 경우 오히려 더 큰 불행이나 소외감을 느끼게 되는 사례도 있다.

"엄마가 나한테 해준 게 뭐가 있어."

늦은 결혼 후 10여 년 만에 어렵게 아이를 가졌던 한 지인이 아이에게서 들은 말이다. 무엇과도 바꿀 수 없이 소중한 아이에게 뭐든 최고로 좋은 것들로만 입히고 먹이고 사줬다. 어느덧 아이가 사춘기에 접어들었을 때 자신이 원하는 것을 가질 수 없을 때마다 부모의 능력을 탓하며 불행하다고 말했다. 아이의 한마디는 부모를 좌절하게 만들기에 충분했다.

미국의 임상심리학자 마들렌 레비네(Madeline Levine)는 저서 『특권의 대가(The Price of Privilege)』에서 과잉 지원이나 물질적 풍족함이 오히려 아이를 정서적으로 취약하게 만들 수 있음을 지적한다. 풍족한 가정에서 자란 아이들은 부모가 제공하는 모든 자원을 당연시 여길 수 있기에, 스스로 목표를 세우고 달성하는 과정 없이 외부의 힘에 의존하게 되면 내면적 안정감이 떨어지고 불안과 우울을 겪을 확률이 높아진다는 역설도 담고 있다. 반대로, 일정 수준의 물질, 정서, 경험상의 부족 등의 결핍이 주어진다면 스스로 결핍을 해결하고 목표를 달성해가는 과정에서 아이가 주체적인 삶을 사는 태도를 기를 가능성이 더 커진다는 시사점을 언급하기도 한다.

비슷한 맥락에서, 컬럼비아대학 교수로도 재직한 바 있는 심리학자 수니야 루타르(Suniya S. Luthar)는 여러 연구를 통해 부유한 지역의 10대들이 정서적·행동적 문제를 더 많이 겪는다는 결과를 보고했다. 이들이 학업 성취나 체면 유지에 대한 심리적 부담이 매우 크고, 때로는 부모로부터 더 큰 무관심 또는 결과 위주의 사랑을 느낄 위험이 높다고 지적한다. 즉, 물질적 풍요는 분명 교육·건강·문화 활동 등의 다양한 자원을 제공해주지만, 동시에 늘 잘해야만 한다는 압박감과 상대적으로 더 무관심한 정서적 환경이라는 불안정 요인을 동반하기도 한다.

요즘 육아에 대해 이야기하는 전문가들의 공통된 의견 중 하나는 물질적 풍요로움이 아이에게 무조건 득이 되는 것은 아니라는 것이다. 제한 없는 수용은 독이 될 수도 있다. 모든 장애물을 부모가 미리 제거해주면 아이는 노력을 통해 이겨내는 경험 자체를 누릴 수 없어 성장의 기회가 줄어든다. 앞서 말한대로 결핍이 가져다 주는 긍정적 효과가 더 클수도 있다는 것도 이런 이유에서다.

앤절라 더크워스(Angela Duckworth)의 '그릿(Grit)' 이론을 들여다 보면 높은 성취를 이룬 사람들의 핵심 요소로 그릿(투지, 끈기, 열정)을 제시했다. 그릿이 발달하기 위해서는 작은 실패와 좌절을 경험하고, 이를 극복해 나가는 과정이 반복되어야 가능하다. 어려운 환경에서 자란 아이들은, 역설적으로 부족함을 해결하는 과정에서 문제 해결력이나 회복탄력성을 기르는 경우가 많다. 반면 물질적으로 풍족한 아이들은 문제 상황이 생겼을 때, 제대로 해결하는 방법을 학습하지 못하는 경우도 생긴다. 아이 스스로 문제를 해결해보거나 어려움을 극복하면서 얻게 되는 자신감이나 성취감을 경험하지 못한다, 그러면 작은 좌절에도 심리적 타격을 크게 받기 쉽다. 마음의 면역력, 회복탄력성이 부족한 아이가 되는 것이다. 이것으로 볼 때 부모들이 아이에게 제공해야 할 것은 풍족한 물질적인 지원이 아니다. 적당한 결핍을 가지고 그 것을 직접 해결해나가는 힘을 기를 수 있도록 돕는 것이 더 중요하다.

프랑스 작가 도미니크 로로(Dominique Loreau)의 저서 『심플하게 산다』는 작가가 일본에서 생활하며 체득한 '심플 라이프' 철학을 담은 책으로, 적게 가지고 단순하게 살수록 삶은 더 풍요롭다고 저자는 말한다. 진정한 풍요는 소유로부터의 자유에서 비롯된다. 과잉은 결국 불만과 피로를 불러일으킨다. 너무 많은 물건과 욕심이 오히려 가족 간 소통이나 여유로운 휴식을 방해한다.

이처럼 아이를 키울 때, 아이 스스로도 '진짜 필요한가, 아니면 순간적인 욕구인가?'를 구별할 수 있게 만들어줘야 한다. 부모가 금전적, 물질적인 허용의 범위를 설정하고, 가족들로부터 제공받는 물질적 지원을 당연시 여기지 않도록 해줘야 한다. 물질적 풍요가 무조건 나쁘거나 꼭 불행을 유발한다는 의미는 아니다. 다만 소유가 많을수록 삶은 가벼워지지 않고, 오히려 무거워질 수 있다는 것을 유념했으면 한다.

과잉이 만드는 3단계 악순환
1. 선택 과부화

이기적인 엄마가 아이를 잘 키운다

아이에게 정말 필요한 것은 풍족한 물질적 지원이 아니라 '너는 그 자체로 소중하고, 언제든 도움이 필요하면 내가 곁에 있다'라는 메시지를 전하는 것이다. 이것이 안 되면 아이는 부족함 없어 보이는 환경 속에서도 깊은 외로움과 불행을 경험할 수 있다. 물질적 지원과 정서적 지원이 균형을 이룰 때, 비로소 아이들은 진정한 행복감을 느끼며 건강하게 성장할 수 있을 것이다.

결국 '물질적으로 풍요로운 환경에서 자라는 아이들이 왜 불행감을 느끼는가'라는 질문의 답은 한마디로 정서적인 측면과 인간적 접촉이 소홀하기 때문이라고 할 수 있다. 돈이 중요한 삶의 조건이긴 하지만, 아이에게는 그보다 앞서는 사랑을 받고 있다는 확신이야말로 진짜 행복감을 만들어내는 핵심 요소이기 때문이다.

엄마표는 달지 말아야 할 꼬리표

'엄마표 육아'라는 용어는 말 그대로 엄마가 주도하여 가정에서 다양한 놀이나 학습 활동을 직접 진행하는 육아 방식을 말한다. 최근 들어 SNS, 블로그, 카페 등을 통해 엄마표 육아 사례가 대중적으로 공유되면서, 이게 진짜 아이를 위한 것인지, 아니면 보여주기식 과시욕이 개입된 것인지에 대한 궁금증이 생긴다.

엄마표 육아가 가지는 긍정적 측면도 존재한다. 하지만 과시욕 또는 '보여주기식'으로 흐를 위험성도 경계해야 한다. 엄마표 육아 활동을 사진과 영상으로 SNS에 게시하면서 '좋아요'나 댓글을 통해 주목받고 싶은 마음이 생기기 마련이다. 잘 꾸며진 사진이나 작품 결과물이 쌓일수록 '나는 이렇게 열성적이고 능력 있는 엄마'라는 이미지를 드러내고픈 욕구가 커질 위험이 있다. 아이의 흥미나 욕구보다 엄마의 성취감이 우선되는 것은 경계해야 할 부분이다. "우리 아이가 이렇게 했어요!"를 보여주기 위해 과정에 초점이 맞춰질 수 있다. 아이 입장에서는 원치 않는 활동이나 학습을 억지로 참여해야 한다면 이는 결국 엄마와 아이 사이에서 스트레스 요인이 되기도 한다.

보여주기식 육아는 엄마를 힘들게 만든다. 이건 엄마와 아이 모두에게 도움이 되지 않는다. 보이는 것이 다가 아님을 알면서도 SNS를 보며 울고 웃는 일을 그만두지 못한다. 좋은 것만 보여주고 행복한 모습만 보여주는 거지, 험난한 과정과 힘든 부분을 사실대로 보여주는 사람은 드물다. 나도 SNS를 하면서 슬픔을 공유할 때도 있다. 그러나 대부분 내가 기쁜 일들을 주로 공유한다. 이렇듯 사람들의 기본적 심리는 똑같다. 그러니 남이 보여주는 것들로 인해 스스로를 힘들게 만들 필요는 없다.

육아를 할 때도 내가 할 수 있는 것에, 할 수 있는 만큼 집중하는 것을 기준으로 삼으라고 말하고 싶다. 화려한 '엄마표'를 달고 있는 것들에 주눅 들 필요가 없다. 아이에게 그만큼 해주지 못하는 엄마인가 자책할 이유도 없다. 엄마표 영어, 엄마표 수학, 엄마표 놀이, 학습이라는 꼬리를 달고 나오는 것들이 가지는 우월감을 인정하면 그만이다.

'엄마표 육아'는 육아로 인해 사회활동이 잠시 중단된 엄마들이 자신의 재능을 활용하는 또 하나의 방법이다. 하지만 아이를 위한 것이지만 결코 아이만을 위한 행동이라고 볼 수 있느냐면 그것은 아니다. 육아를 하고 있지만 내가 할 수 있는 것이 뭐가 있을지 고민한 결과로 봐야 한다. 엄마 스스로의 만족감과 뿌듯함 그리고 성취감이 녹아있는 행동이 포함된 것이다. 그것을 활용해 수익화하는 경우엔 재능을 활용한 제2의 직업으로 삼는 것이다.

남들이 하는 것이 좋아 보이고, '다들 하니까 나도 해야지'라는 생각은 안 하는 게 좋다. 요즘 시대에는 미디어를 통해 너무나 쉽게 타인의 삶을 접하고 영향을 받는다. 수많은 온라인 세상 속 엄마들이 만날 수 있는 환경에서 살고 있다. 지난해 엄마의 역할을 하고 있는 스스로에 대해 고민을 하던 시기가 있다. 아이들을 위해서 해야 할 것들이 더 있는데 못하고 있다는 생각이 들었기 때문이다. 고민의 시간을 보내던 중에, 알고 지내던 교수님과 대화를 통해 스스로 답을 얻었다.

"아이들한테 해줘야 하는 것들을 제가 다 하지 못하는 것 같아서 걱정돼요."

"어떤 걸 못 하고 있다고 생각해요?"

"아이들이 아직 어린데 감정적으로 편안함을 주지 못하는 것 같다는 생각이 들어서요."

"어떻게 해주고 싶으세요?"

"아이들에게 화내지 않고 차분하게 대하고 싶어요."

"엄마가 감정 조절을 해야 하는 것은 맞지만, 무조건 화를 내지

 이기적인 엄마가 아이를 잘 키운다

않는 엄마가 되겠다는 건 불가능한 이야기 아닐까요? 그건 감정이 없는 로봇이나 가능할 거 같은데요.”

“만약 엄마가 감정적으로 항상 평온함을 잘 유지해서 아이를 키웠다고 하면 그게 아이에게 무조건 좋은 일이라고 볼 수도 없지 않을까요?”

“아이는 엄마와 다른 사람을 겪으면 혼란을 가지고 오게 될 수 있어요. 우리 엄마는 단 한 번도 화내지 않았는데 이 사람은 화를 내는구나, 이게 화낼 일인가? 라고 아이는 생각하겠죠. 커나가면서 옳고 그름에 대한 분별이 될 수 있지만, 어릴수록 엄마와 다양한 경험을 통해 학습할 수 있으면 되는 거예요. 어릴수록 다양한 경험을 통한 사회성이 발달이 필요한 데, 엄마가 모든 것을 다 해준다면 아이는 사회성 발달에 영향을 받게 되죠. 그리고 엄마가 모든 역할을 다해야 한다는 생각은 위험할 수 있어요. 스스로를 너무 힘들게 만드는 일이기도 하지만, 엄마와 아이 모두에게 좋지 않죠. 엄마도 사람인데 신이라도 그건 다 못해낼 거 같지 않아요? 예수도 불같이 화를 냈다고 하잖아요. 화도 내야 할 땐 제대로 내야죠. 물론 조절이 안 돼서 폭발을 하거나, 통제가 안 되는 상황을 만들어서는 안 되겠지만요.”

내가 육아하면서 겪게 되는 많은 외부적인 영향들로 인해 스스로에게 많은 잣대들을 들이대고 있었다는 것을 알아차리게 되었다. SNS를 비롯한 다양한 커뮤니티를 통해 ‘엄마표 육아’를 접하며 아이에게 가르쳐야 할 것들이 점점 많아진다고 느끼면서부터였다. 마음에서 조급함이 생겼던 것이다. 일을 하지 않고 육아에 전념하고 있다는 생각도 한몫을 거든 셈이다. '아이만 키우는데 왜 잘 안 될까?' 라는 의문을 스스로에게 계속 던지고 있었다. 교수님과의 대화 이후 좋은 엄마가 되어야 한다는 생각을 내려놓았다. 잘 해내야겠다는 마음에서 자유로워졌다. 그저 편안하게 내 할 몫을 하며 내 삶을 살면 된다고 정리했다.

아이들도 엄마표 육아에 갇혀서 놓치는 경험이 없어야 한다. 엄마랑 많은 것을 함께하며 배워나가는 것도 필요하다. 하지만 아이가 엄마만 겪으며 살면 엄마에 대한 데이터만 가지게 된다. 엄마와 조금이라도 다른 값을 가진 사람을 상황을 만나면 아이는 어려움을 느낄 수밖에 없다. 경험해보지 못한 세계에서 허둥대는 꼴이다. 육아에서는 아이를 품에 끼고 키워야 하는 시기가 있고, 풀어 놓아야 하는 시기가 있다. 홈스쿨링이 정답이라 할 수 없고, 제도적 장치 안에서 교육을 받으며 사는 것이 정답이라고 말할 수도 없다. 각자의 상황과 환경, 성향에 맞추어 좀 더 나은 것을 선택할 뿐이다.

그럼에도 엄마표 육아가 좋아 보인다면 그에 대한 스스로의 정의가 있어야 할 것이다. 하지도 못할 상황인데 못하는 자신을 자책하는 것은 어리석은 짓이다. 보기 좋은 떡이 먹기도 좋을 것 같은 마음에 엄마표 육아를 따라하다 보면, 힘들지 않을 수 있는 육아가 힘들게 느껴진다. 그러다 다른 것에서 핑곗거리를 찾기도 한다. 잘못된 합리화를 하고 스스로 불편한 일들을 만들어나간다.

"저 집은 우리 집보다 넓어서 가능한 거였어. 우리 집은 왜 이렇게 좁은 거야."

"저 집 아이는 엄마 말을 잘 따라주니까 되는 거였어. 근데 우리 딸은 왜 이렇게 산만하지?"

"아 진짜 엄마 맘도 몰라주고 넌 왜 이러는 거야."

주변의 엄마들을 보고 있자면 아이가 초등학교를 입학한 건지, 엄마가 한 건지 헷갈리게 만드는 일을 볼 때가 있다. 아이의 준비물부터 숙제까지 엄마가 봐주거나 함께해주는 것들이 많다. 아직 엄마의 손길이 필요한 시기일 수 있지만 교육기관에서 엄마가 함께 참여해야만 하는 것이 늘어간다는 부담도 있다.

싱글맘으로 홀로 아이를 키우는 한 친구는 아이가 초등학교를 입학한 이후 세 시간 이상을 자본 적이 없다고 자신의 고충을 털어놓은 적이 있다. 일을 하며 엄마의 역할을 동시에 해내는 것은 잠을 줄여야만 가능한 것 같다고 푸념했다. 아이의 교육까지 챙겨야 하는 상황이 오니 벼랑 끝에 서 있는 기분이 든다고 했다.

"퇴근 시간 전까지 학원을 몇 군데나 보내야 할지 막막해."

"혼자 다 하려면 힘들지, 너도."

"아이가 커갈수록 해줘야 할 게 점점 늘어나니까 가끔은 다 놓고 싶어질 때도 있어.”

“그래, 여전히 손이 많이 갈 시기라 고민되고 걱정되는 마음이라 지칠 수밖에.”

“상황이 안 돼서 못 해주는 게 미안해서 마음이 아파.”

“맞아. 다 채워줄 순 없다는 걸 알지만 못해준다는 미안함이 사라지진 않지.”

친구와 잠시 나눈 대화에서 그저 가슴에 묵직한 돌이 얹힌 기분이었다. 누군가를 책임지고 키운다는 것만으로도 가벼운 일은 아니다. 육아뿐 아닌 다른 많은 것을 혼자 감당하기란 더욱 어려울 수밖에 없다. 엄마의 역할이 가지는 무게가 점점 무겁게 느껴진다. 내 아이만 뒤처지는 것은 두고 볼 수 없는 마음에서 자꾸만 더해간다. 아이의 어깨에 얹고, 엄마의 어깨에 보태고 가족 모두가 짊어지고 힘겨워서 끙끙댄다. 서로가 무게에 짓눌려 힘들어할 일이라면 과감하게 덜어내고, 나에게 맞는 무게를 선택하는 용기도 필요하지 않을까.

그러니 엄마들이 엄마표 육아를 ‘해야 할 것’이 아니라 ‘선택할 수 있는 것’으로 생각했으면 한다. 누군가에게는 즐겁고 의미 있는 방식일 수 있지만, 모두에게 정답일 수는 없다. 아이를 향한 마음의 크기는 활동의 개수나 결과물의 화려함으로 증명되지 않는다. 오늘 아이와 웃으며 밥을 먹고, 잠들기 전 잠깐 이야기를 나눈 시간만으로도 충분히 좋은 하루일 수 있다. 비교가 시작되는 순간

   이기적인 엄마가 아이를 잘 키운다

육아는 무거워지고, 기준이 높아질수록 엄마의 마음은 점점 좁아
진다. 아이를 키우는 일은 경주가 아니고, 남에게 보여주기 위한
무대도 아니다.

결국 중요한 건 나와 내 아이에게 맞는 속도와 방식이다. 할 수
있는 만큼, 감당 가능한 만큼, 엄마가 무너지지 않는 선에서 아이
와 함께 가는 것. 엄마가 편안해야 아이도 편안하다. 완벽한 엄마
가 아니라, 회복할 줄 아는 엄마, 스스로를 돌볼 줄 아는 엄마로
충분하다. 오늘도 잘 해내고 있다는 사실을 굳이 증명하지 않아도
괜찮다.

자기조절능력은 아이만 배워야 할까?

아이들의 경우 자기조절능력은 36개월부터 본격적으로 형성되기 시작해서 72개월쯤 완성되는 것으로 알려져 있다. 그렇기 때문에 그 이전에 아이들이 떼를 쓰는 것은 조절력이 부족해 나타나는 지극히 정상적인 반응으로 봐주어야 한다. 자라는 아이들은 능력을 키울 수 있게 도와주면 될 것이다.

그런데 그보다 우선되어야 할 것이 바로 엄마의 자기조절능력이다. 엄마의 자기조절능력이 중요한 것은 아이에게도 영향을 미칠 수 있기 때문이다. 과거에 비해 사람들의 감정 조절 문제, 쉽게 말해 '욱'하는 감정으로 인해 발생되는 좋지 못한 일들을 언론에서 접하게 되는 경우가 많아진 게 사실이다. 감정적 대응에서 벌어진 일들이 많아진 이유는 무엇일까? 참는 것이 미덕이라고 생

 이기적인 엄마가 아이를 잘 키운다

각하던 때에는 '내가 좀 참자'라는 생각으로 살았다. 그런데 시대의 변화에 따라 어느 순간 '참는 건 손해 보는 것'이라는 생각을 가져다주게 된 것이다. 나의 의견을 말하고, 내 주장을 펼치라고 요구하는 시대, 할 말을 당당히 하는 분위기가 형성되었지만 정작 자신의 감정을 조절할 수 있는 자기조절능력을 기르진 못했기 때문이 아닐까.

자기조절능력은 개인이 자신의 감정, 행동, 욕구 등을 조절하는 능력을 말한다. 자기조절능력이 높은 사람은 자신의 감정을 인식하고, 모든 상황에 적절하게 대처할 수 있다. 이러한 능력은 일상적인 문제 해결과 사회성 발달에 도움이 된다. 반면, 자기조절능력이 부족한 사람은 자신의 감정, 충동, 욕구 등을 조절하는 데 어려움을 겪을 수밖에 없다. 이러한 상황에서는 스트레스나 감정적인 불안, 우울증 등의 문제가 발생될 가능성이 높아진다.

주변에서 '욱'하는 사람들을 보면 불편한 감정이 든다. 욱하는 사람들은 상대방의 말이나 행동에 불쾌감을 느끼면 한순간 폭발하듯 감정을 표출해 주변 사람들을 불안하게 만든다. 이런 경우 자신의 감정을 조절하고, 불필요한 갈등이나 문제를 방지하기 위해서라도 자기조절능력을 강화해줄 필요가 있다.

육아할 때 아이들과 가장 많은 실랑이를 벌이는 것이 이 부분이기도 하다. 자기조절능력이 완성되지 않은 아이들이 떼를 쓰고,

그런 아이를 양육하는 엄마 사이에서 감정적 전쟁이 일어난다. 36개월부터 형성되기 시작해서 72개월쯤 완성된다는 자기조절능력, 그렇다면 엄마들이 가장 힘겨워한다는 네 살, 일곱 살에도 아이들의 자기조절능력은 완성형이 아닌 상태인 것이다.

그런데다가 엄마의 자기조절능력까지 낮은 상태라면 어떻게 될까? 가끔 마트에서 자지러지게 울면서 몸부림치는 아이와 실랑이를 벌이는 엄마들을 볼 때면 남일 같지 않다. 나의 경우 첫째와 달리 둘째는 마트에서 떼쓰며 바닥에 주저앉아 울 때가 많았다. 그 어떤 말로도 아이가 진정이 안 될 때는 정말 뚜껑이 열릴락 말락 하는 순간이 온다. 주변 사람들도 신경 쓰이고, 아이의 감정도 챙겨줘야겠고 그저 떼쓰는 아이가 야속하게 느껴질 뿐이다. 그렇다고 아이에게 함부로 할 수도 없다.

소아정신과 오은영 박사는 이러한 과정에서 엄마들이 잘못 생각하고 행동하는 것들에 대해 꼬집었다. 오 박사는 엄마들이 아이와 불편한 신경전을 겪는 상황이 되면 빨리 아이가 엄마의 말을 듣게 만들어야지만 엄마인 내 마음이 편해진다고 느낀다고 이야기했다. 아이와 실랑이를 벌이는 과정에서 마음이 뾰족해져버리면 사랑스러운 내 아이가 그 순간만큼은 꼴 보기 싫다고 느껴지기도 한다는 말이다. 엄마들이 순간 욱하고 솟구치는 감정을 삭여보려고 애써서 아이에게 존댓말로 이야기하는 경우도 있다. 엄마인

  이기적인 엄마가 아이를 잘 키운다

내가 원하는 방향으로 아이를 통제하기 위해 갖은 방법을 다 쓰면서 그걸 교육이라고 이야기한고 했다. 그런데 이런 과정에서 아이들은 자신을 사랑해주고 보호해야 할 존재인 엄마가 나를 공격하고 상처를 주는 존재이기도 하다는 것을 느끼게 되는 것이 더 큰 문제라고 지적했다. 이런 이중적 개념에 아이는 혼란이 오고 엄마에 대한 믿음이 형성되지 않는 결과로 나타난다는 것이다. 다가가서 보호받고 싶은 상황에 생겨도 '엄마가 나를 보호해줄까?'라는 의심이 생겨 다가가지 못하고 주춤거릴 때가 생긴다는 말이다. 아이가 느낄 혼란만을 놓고 생각해보더라도 엄마는 아이에게 감정적으로 안전한 사람이어야 한다는 생각이 더 강해진다.

진정한 어른이라면, 한 생명을 낳아 기르는 엄마라면 과연 나는 아이에게 안전한 어른인지 생각해볼 필요가 있다. 스스로 자기조절능력을 갖췄는지 되돌아봤으면 한다. 자기조절능력은 아이에게만 가르쳐야 할 일이 아니다. 아이뿐만 아니라 엄마 자신의 건강한 삶을 위해서도 필요한 능력이다. 가족 모두가 함께 배워야 할 부분이다. 그러니 아이에게 자기조절능력을 가르치기 전에 엄마인 나부터 들여다보자. 부모는 아이의 거울이라는 말이 있듯이 나를 보고 배울 아이의 모습을 상상해본다면 엄마가 먼저 자기조절능력을 길러야 하는 이유가 더욱 명확해진다.

자기조절은 특히 전두엽 발달에 큰 영향을 받는다고 알려져 있다. 자기조절능력을 키우려면 우선 전두엽의 힘을 길러줘야 한다. 생각하는 힘을 기르면 전두엽의 힘을 키울 수 있다고 한다. 소아 전문의 김붕년 교수는 『나보다 똑똑하게 키우고 싶어요』라는 책에서 아이에게 "사과는 무슨 색일까?"라고 지식을 나열하는 질문을 하기보다는 "빨간색인 과일은 어떤 것들이 있을까?"라는 질문으로 스스로 생각하고 답을 찾을 수 있도록 하는 것이 중요하다고 말했다. 이런 질문을 듣고 답을 고민하며 아이가 자연스럽게 생각하는 힘과 자기조절능력을 키울 수 있다는 것이다.

좋은 질문을 통해서 생각하는 힘을 기를 수 있게 만들어주는 것도 좋은 방법이다. 육아를 할 때 아이에게도 스스로 생각하고 답을 찾을 수 있는 질문을 많이 해보면 도움이 될 것이다. 육아는 물론이고 엄마 스스로의 삶에 있어서도 자기조절능력은 매우 중요하다. 엄마 자신에게도 생각하는 힘을 기를 수 있는 질문을 던져보는 연습을 통해 전두엽의 힘을 키워주면 좋겠다.

입 조심! 엄마의 말이 많은 것을 바꾼다

프랑스의 사상가이자 계몽주의 철학자인 장 자크 루소(Jean-Jacques Rousseau)는 대표작인 『에밀(Émile, ou De l'éducation)』에서 부모의 언행과 대화 방식이 아이의 자아 형성 과정에 지대한 영향을 미친다는 점을 여러 사례로 설명했다. 루소는 아이가 '듣는 말'을 통해 개념을 익히고 세상을 인지해간다고 보았다. 따라서 부모가 아이 앞에서 사용하는 언어나 행동이 직접적인 교육 수단이 된다고 했다. 루소는 말로만 설명하는 것이 아니라 일상에서 부모가 먼저 바른 언어습관과 행동을 보이면, 아이는 자연스럽게 이를 모델링(modeling)하게 된다고 말한다. 또한 부모의 언어는 아이를 가르치기 위한 말이 아니라 아이 스스로 생각하고 느낄 수 있게 돕는 말이 되어야 한다고 주장한다. 아이에게 독립적 인격과 판단력을 키워주려면, 지시·명령·훈계를 남발하기보다 경험을 통해 배울 수 있게 하라고 말했다. 부모가 화를 내거나 강제로 억누르는 말투를 자주 쓸수록 아이는 수동적이고 반항적인 태도를 갖기 쉽다는 점을 경고한다.

발달심리학자들은 부모로부터 들은 말이 아이 머릿속에 자리 잡아, 훗날 자기 대화(self-talk)의 패턴이 된다고 본다. 즉, 부모가 "넌 정말 잘하고 있어. 실수해도 괜찮아." 같은 긍정의 언어를 자주 사용하면, 아이는 자신에게도 긍정적인 내적 대화를 건네며 성장할 가능성이 높아진다.

그렇기에 아이만 변화시키는 것이 아니라 엄마 자신도 자아 성찰을 통해 언행을 다듬어야 한다. 가족 안에서 누군가 계속 짜증, 비난, 조급함이 드러나는 말투를 쓴다면, 아이는 그 분위기를 그대로 흡수하게 된다. 말은 함부로 입 밖에 내서는 안 되며 신중히 해야 한다는 뜻의 '숨은 내쉬고 말은 내 하지 말라'라는 속담처럼 말을 함부로 하지 않는 것은 특히 아이를 키우는 엄마들에게는 여러 번 강조해도 모자람이 없을 만큼 중요하다. 이미 많은 육아 서적들이 엄마의 언어, 말을 다루고 있다는 것만 보더라도 그것이 얼마나 중요한지를 알 수 있다.

엄마의 언어습관이 자녀에게 미치는 영향

1. 긍정적, 부정적 자아 형성

 이기적인 엄마가 아이를 잘 키운다

- 자기효능감(self-efficacy): 엄마가 "너는 할 수 있어.", "네 노력에 엄마가 감탄했어."처럼 아이의 시도에 긍정적으로 반응해주면 아이는 자신이 가치 있고 능력이 있다고 느낀다.

- 열등감 혹은 두려움: 반면 엄마가 "왜 이것밖에 못 해!", "옆집 애는 이만큼 한다더라."처럼 부정적 언어를 자주 사용하면 아이는 시도 자체를 두려워하거나 자존감을 잃게 되기 쉽다.

2. 사고력과 언어 발달

아이가 스스로 생각하고 표현할 수 있도록 과도한 지시나 훈계를 삼가야 한다. 엄마가 정답을 일방적으로 말하기보다 아이 스스로 질문하게 하고 사유하도록 유도하는 언어가 아이의 사고력 발달을 높인다.

3. 대인관계 역량

엄마의 언어가 공격적이거나 타인을 비하하고 무시하는 뉘앙스를 담고 있다면, 아이 역시 그러한 태도를 쉽게 습득할 수 있다. 아이가 스스로 존중받고 있다는 느낌을 일상적으로 받으면, 타인도 똑같이 존중해야 한다는 감각을 자연스럽게 형성할 가능성이 커진다.

어떤 말을 반복적으로 계속하면 뇌 조직에 깊이 새겨져 그에 따라 성격이 바뀌고 능력이 달라지며 인생의 패턴이 변하는 것을 자기 암시적 효과라 한다. 자기 암시란 자기자신에게 의도적으로 반복적인 언어, 이미지, 강점을 주입함으로써 무의식을 변화시키는 심리기법이다. 심리학자 에밀 쿠에(Emile Coue)가 처음 대중화시킨 개념으로 '나는 날마다 점점 나아지고 있다' 이 문장을 수십 번 반복하게 하자 실제 환자들의 증상이 호전된것을 통해 널리 알려졌다. 이처럼 말버릇을 바꿔보는 노력만으로 많은 것이 달라질 수 있다. '세 살 적 버릇 여든까지 간다'는 말이 있듯이 한 번 습관이 들면 쉽게 바꾸기 어려울 수 있지만, 지금부터 긍정적인 언어를 쓰기 위해 노력한다면 조금씩 변화하는 내 모습을 볼 수 있을 것이다.

유재석과 이적이 부른 '말하는 대로'의 가사처럼, 사람이 반복해서 말하는 방향대로 삶이 흘러간다는 생각은 이미 심리학에서

 이기적인 엄마가 아이를 잘 키운다

검증된 사실이다. 이를 전문적인 심리학 용어로 '자기 충족적 예언(self-fulfilling prophecy)'이라고 한다. 특정 자극을 통해 미래의 상황에 대한 예측을 형성시켜 이것이 현실에도 강력한 영향력을 미치는 것을 뜻한다. 우리가 한 번쯤 들어본 적 있는 '플라세보 효과'도 자기 충족적 예언과 비슷한 개념인데, 약효가 전혀 없는 가짜 약이어도 환자에게 좋은 효과를 나타내는 것 역시 순전히 심리적인 영향으로 나타나는 현상인 것이다.

이처럼 생각의 힘이 가져다주는 영향력은 상당하다. 생각한 것을 말까지 뱉으면 우리의 뇌는 그것을 더 크게 기억하고 각인시킨다. 여기까지 읽으며 생각의 힘을 비롯하여 말이 가지는 힘에 대해 어느 정도 인지했을 것이다.

그렇다면 이제는 내가 지금껏 해왔던 말에는 어떤 힘이 실려 있었는지 한번 짚어보기 바란다. 너무 예민하고 까다로운 아이 성격 탓을 하며 하루가 멀다 하고 언성을 높이며 아이에게 화를 내고 있는가? 아이에게 쏟아내는 말의 대부분이 부정적인 언어로 가득한가? 잠든 아이의 모습에 머리를 쓰다듬으며 미안함에 눈물을 삼키는 엄마의 모습이 지금의 본인 모습이라면 지금부터 입조심 해야 한다는 것을 꼭 기억하자.

첫아이의 출산을 앞두고 임신육아교실을 참여했을 때 부모교육 강연을 통해 '감사 일기의 효과'에 대해서 처음 접했었다. 감사 일기를 쓰면 긍정의 효과를 얻어 뇌의 기능적 효과가 커지고 몸에서 발생하는 물질의 영향으로 삶이 달라진다고 했다. 한 대학의 실험에서 학생들을 두 그룹으로 나누고 A그룹에는 긍정의 말을 가득 담아 칭찬과 격려를 해주고 B그룹에는 부정적인 기운의 말들을 계속 해주었다. 그 결과 놀랍게도 A그룹의 아이들 집중력은 물론 지능 지수도 크게 향상되어 있었음을 알 수 있었다. 반면 B그룹의 아이들은 학습 집중력이 떨어지거나 자기효능감 수치가 많이 떨어진 것으로 나타났다. 이 실험의 결과만 보더라도 아이에게 칭찬과 격려와 긍정의 말을 해주어야 하는 이유가 분명해진다. 엄마에게 듣는 말에 따라 내 아이의 미래가 달라질 수 있다고 한다면 말 한마디를 함부로 뱉을 엄마는 없을 것이다.

아름다워지고 싶고 예뻐지고 싶은 마음은 누구나 다 가지고 있을 것이다. 말에도 그런 마음을 담아 아이들에게 예쁘고 아름다운 빛깔이 가득 담긴 말을 전해주어야 한다. 내가 육아를 치열하게 해내던 시기에 가장 힘겨웠던 부분 또한 바로 말하기였다. 그것이 시발점이 되어 육아 서적을 있는 대로 파고들었던 것도 사실이다. 아이에게 하는 말하기는 달라야 한다는데 대체 어떻게 말을 해야 할지 모르겠다는 생각에 시중에 나와 있던 관련 서적은 있는 대로 읽었던 것 같다.

그 과정을 통해 깨달은 것은 '제대로 말하기'였다. '사랑해'라고 입으로는 말하지만 눈빛과 표정이 없다면 어떨까? 짜증 섞인 목

   이기적인 엄마가 아이를 잘 키운다

소리로 아무리 사랑한다 외쳐본들 그 단어에 담긴 감정을 전달하기는 어려울 것이다. 우리는 단어 자체보다는 소리로 전해 듣는 것에 더 많은 자극을 받을 수 있다는 사실을 기억해야 된다. 훈육할 때도 차분한 음성으로 단호하게 말하면 아이는 집중한다. 하지만 엄마가 소리치고 격앙된 감정을 드러내면 아이는 그저 불안함에 울음을 터트릴 뿐이다. 훈육이 되지 않는다. 아이들은 감정을 다스리는 법도 아직 잘 모르는 상태이기에 그런 아이들에게 제대로 말하는 것조차 엄마들에게는 쉬운 일이 아니다.

육아에서 또 한 번 고비를 마주하는 이유가 여기에 있다. 나 역시 그랬기에 엄마들의 고충을 너무 잘 안다. 아이에게 어떻게 말해줘야 하는지 명쾌한 답을 찾고 싶은 엄마들과 함께 숙제를 푸는 마음으로 엄마들의 말습관을 바꿔보는 '육아 뷰티 언어 챌린지'를 진행하기도 했다. '육아 뷰티 언어 챌린지'는 엄마들의 표정, 목소리 톤, 평소 사용하는 말투와 표현을 녹음하거나 짧은 영상으로 촬영한 뒤 스스로 개선해야 할 부분을 체크해서 가이드에 맞추어 바꿔나가는 방식이었다. 함께했던 엄마들의 반응은 대부분 비슷했다.

"제 모습을 다시 보게 됐어요."

"제가 이런 표정을 짓고 이런 말투를 쓰는지 몰랐어요."

"제가 싫어하던 모습이 그대로 보여요."

"아이에게 미안한 마음이 커졌어요."

　이런 말과 함께 엄마들 스스로 자신을 바꿔나가고 싶다는 의지를 다지는 계기가 되어줬다. 이 경험을 통해 확실히 알 수 있었다. 엄마의 언어가 달라지면 아이도 엄마도 변한다.

　입에서 나온다고 해서 다 말이 아니다. 엄마의 눈빛, 목소리 톤, 표정과 몸짓까지 이 모든 게 다 아이에게는 말이 된다. 제대로 말하기 위해서는 노력이 필요하다. 아이와 엄마를 모두 변화시키는 언어습관을 생활에서 실천해봤으면 좋겠다.

부모 거울
닦고 가꾸기

아이의 뇌를 무기력하게 만드는 것이 바로 엄마의 표정이다. 첫째를 임신하고 임신육아교실에 참여하던 시기에 이와 관련된 실험 영상을 처음 접했다. 무표정한 엄마와 활짝 웃는 엄마를 대할 때 아이의 행동에 변화에 대한 비교였다. 무표정한 엄마의 표정을 보면 아이들은 행동이 위축되는 반면, 활짝 웃는 엄마를 바라보는 아이는 안정감을 느낀다는 것을 알 수 있었다. 이러한 단순한 결괏값만 놓고 보더라도 엄마들은 거울을 보고 자신의 표정을 살펴봐야 한다. 나를 거울 삼아 성장할 아이를 위해서이기도 하지만, 엄마인 나 스스로를 위해서도 필요하다. 육아를 하느라 힘들고 지쳤다고 해서 넋 놓고 있으면 안 된다. 쉼이 필요한 순간은 있지만 그렇다고 무기력하게 늘어져 있으면 안 된다.

나는 유독 소리에 민감하다. 사람들이 언성을 높여 싸우거나 갑작스레 소리를 지르는 상황을 만나면 소스라치게 놀라고 가슴이 두근거린다. 소란스러운 상황에 놓이면 괜스레 신경이 곤두서는 기분을 느낀다. 또 나는 사람들의 표정에도 민감한 편이다. 웃는 표정, 미소 띤 얼굴의 사람들을 대할 때 심적으로 안정감을 느끼고, 친밀도가 높아진다. 반대로 무표정하거나 표정이 굳어 있는 사람들에게는 긴장감과 경계심이 생기도 한다. 이 모든 것은 경상도 분들이신 부모님의 영향이 크다. 수더분한 성격의 엄마, 경상도 남자의 표본이신 아빠를 보고 자란 결과인 것이다.

아이를 키우는 입장이 되고 보니 표정과 감정 표현의 중요성을 더 느낀다. 육아 서적이나 아이들의 발달 관련 서적들을 읽다 보면 '거울신경세포(mirror neurons)'에 대해 접하게 된다. 거울신경세포는 우리 뇌 내부에 있는 특별한 종류의 신경세포다. 이 신경세포는 다른 사람이나 동물의 행동을 보고 그것을 본 것처럼 자신이 그 행동을 하는 것처럼 시뮬레이션하는 능력을 가지고 있다. 이러한 능력은 다른 사람의 행동을 이해하고, 사회적 상호작용을 하는 데 매우 중요한 역할을 한다.

아이들은 거울신경세포가 적극적으로 작용하는 단계에 있다. 이는 아이들이 주변 환경에서 보는 것을 본떠서 학습하고 성장하기 때문이다. 따라서 거울신경세포는 아이들이 사회적 상호작용을 학습하고, 타인의 감정을 이해하고, 언어와 커뮤니케이션 능력

 이기적인 엄마가 아이를 잘 키운다

을 개발하는 데 매우 중요한 역할을 하게 된다. 또한, 아이들의 운동 발달과도 관련이 있다. 예를 들어, 아이가 무릎 굽혀 앉아 공을 던지는 행동을 보면, 그것을 시뮬레이션하는 거울신경세포가 활성화되면서 아이의 운동기억과 운동 흐름을 개선하는 데 도움을 줄 수 있다.

거울신경세포가 아이들의 행동 및 학습에만 영향을 주는 것은 아니다. 연구에 따르면 거울신경세포는 아이들의 인지능력, 추론능력, 상상력, 자아 이해 등에도 영향을 미칠 수 있다는 것이 밝혀졌다. 따라서 거울신경세포가 적극적으로 작용하는 아이의 성장과 발달을 위해서는 다양한 경험과 상호작용을 통해 건강한 뇌 발달 환경을 제공하는 것이 중요하다.

양육자는 아이와 눈을 마주치고 감정을 드러내는 다양한 표정을 보여주면서 아이가 자주 모방할 수 있게 해주어야 한다. 그래야 아이의 뇌 발달은 물론 정서적 안정과 사회성도 함께 발달하게 된다. 우리 뇌에는 뇌 신경세포를 서로 연결하는 시냅스가 있다고 한다. 시냅스의 수가 많고 활발할수록 뇌 발달에 도움이 된다. 아이의 시냅스는 엄마 배에서 23퍼센트만 만들어지고, 나머지는 10세까지 다양한 자극을 받으면서 생성된다고 한다. 다양한 자극에는 일상생활에서 여러 사람과 교류하며 받는 것도 포함된다. 우리 뇌는 효율성에 맞춰 돌아간다. 그래서 자극이 줄어들거나 없을 때는 뇌에서 불필요하다고 판단하고 관련된 시냅스를 모두 삭제해버린다고 한다. 그 결과 해당 기능이 퇴화되거나 발달이 지연되는 것이다.

그렇기 때문에 뇌 발달이 가장 활발한 영유아 시기에는 '거울 신경세포'가 충분히 활성화될 수 있는 환경이 중요하다. 거울신경 세포는 아이가 부모나 양육자의 표정, 말소리, 입 모양, 감정 표현을 그대로 보고 따라 하게 만든다. 이 과정을 통해 아이는 자연스럽게 언어를 배우고, 타인의 감정과 반응을 이해하는 법을 익히게 된다. 즉, 거울신경세포의 활성화는 언어 발달뿐 아니라 정서 안정과 사회성 형성의 기초가 되는 역할을 한다.

대단한 것을 해주어야 하는 것이 아니다. 시간이 날 때면 아이를 안고 말을 건네는 것으로도 충분하다. 아이에게 감정을 나누어 줄 수 있는 엄마의 다양한 표정을 보여주면 된다. 책을 읽어줄 때도 책 속의 인물들을 흉내 내며, 다양한 감정에 대해 살펴보면 좋다. 아이는 태어나 6개월 정도가 지나면 정서지능이 발달해 사람의 표정을 구별할 수 있다고 한다. 그래서 낯선 물건이나 장소에서 불안을 느껴도 엄마가 다정하게 "괜찮아."라고 이야기해주면 안정감을 찾는 것이다. 반대로 굳은 표정으로 "안 돼. 만지지 마."라고 말하면 아이는 행동을 멈춘다. 아이가 아직 말로만 표현을 못 할 뿐, 정서적으로는 이미 이해하고 조절하는 것이다.

뇌의 편도체와 전두엽의 상화 작용을 통해 부모님과 아이가 접촉을 많이 했을 때 정서적으로 안정이 되고 긍정적인 기분이 형성

된다. 이것이 뇌에 그대로 전달되고 기억력과 관련된 해마의 뇌세포를 더욱 발달하게 도와주는 셈이다. 그러나 아이가 부모를 통해 부정적인 정서를 접하면 뇌의 편도체에서 스트레스 호르몬이 분비된다. 그러면 신경전달물질 도파민 분비를 막아 뇌 시냅스 형성을 방해한다. 또한 기억 장치인 해마의 뇌세포를 망가뜨려 학습 능력에도 악영향을 미친다.

정서, 감성과 관련된 뇌세포는 한번 손상되거나 파괴되면 회복이 어렵다고 알려져 있다. 그렇기에 아이의 정서 인지 능력이 발달하는 때에 건강하고 긍정적인 정서 정보, 자극, 경험을 주어야 한다. 짧더라도 따뜻하고 온화한 목소리 톤과 다정하고 애정이 담긴 표정과 눈 맞춤, 스킨십 하나하나에 엄마, 아빠의 사랑을 듬뿍 담아 표현해주면 된다. 그것만으로도 아이의 정서는 물론 뇌 발달, 인간관계에도 좋은 바탕이 되어줄 수 있다.

뇌신경과학자들은 우리의 뇌는 다른 사람의 행동을 관찰만 해도 본인이 그 행동을 할 때와 같은 활성화가 일어난다고 말한다. 예를 들어 엄마가 매일 화를 내거나 짜증을 내는 모습을 보면 아이의 뇌에서는 본인이 스트레스를 받은 것처럼 스트레스 호르몬인 코르티솔을 마구 뿜어낸다. 아이들은 양육자가 스스로에게 닥친 불행을 해석하는 방식도 수동적으로 흡수한단다.

긍정 심리학의 창시자로 '동기' 분야의 대표적 전문가이자 '학습된 무기력' 분야의 최고 권위자이기도 한 마틴 셀리그먼(Martin E. P. Seligman)은 아이에게 낙관주의를 가르치려면 부모가 먼저 '나쁜 일이 생겼을 때 새롭게 생각하는 기술'을 연습해야 한다고 강조했다. 사람들은 보통 '역경'이 곧바로 '결과'로 이어진다고 생각하지만, 사실은 역경에 대한 개인의 해석이 특별한 결과를 만들어내는 것이라고 말한다. 왜곡된 해석이 더 나쁜 결과를 낳는다는 걸 알게 되면 비관적으로 흐르는 걸 줄일 수 있다는 것으로 해석된다.

"삶은 비관주의자와 낙관주의에게 모두 똑같은 장애물과 비극을 가하지만, 낙천주의자는 그것을 더 잘 헤쳐나간다."

– 마틴 셀리그먼

비관주의자도 훈련을 통해 낙관주의자로 변화될 수 있다는 것을 마틴 셀리그먼은 자신의 연구들을 통해 입증했다. 이처럼 내가 어릴 적에 어떤 영향을 받았더라도, 지금 육아를 할 때는 내 아이에게 긍정적 영향을 전하고 싶다면 얼마든지 변화할 수 있다는 것을 기억했으면 한다. 내가 부모님으로부터 받지 못했던 감정적 표현을 내 아이들에게까지 결핍으로 전해주지 않는 것처럼 말이다. 엄마의 표정과 언어의 온도, 온기가 느껴지는 살가운 스킨십을 아이들과 나누는 데 인색하지 않았으면 좋겠다. 그것을 나누면 아이

   이기적인 엄마가 아이를 잘 키운다

뿐만 아니라 엄마 스스로도 회복되고 치유되는 경험을 하게 될 것
이다.

3장

아이보다 내가 더 중요한 삶을 살아야 한다

아이와 내 삶이 분리되면 모두가 행복해진다

과거에는 엄마들이 가족을 우선시하는 사고가 강했다면, 요즘은 자연스럽게 '나도 중요하다'는 인식이 늘고 있다. 나 또한 가족 구성원이기 때문에 나의 행복도 무시할 수 없다는 생각이 많이 퍼지고 있다.

육아를 하다 보면 온전히 내 시간만 갖고 싶다는 바람이 간절해진다. 단 몇 시간만이라도 아이와 떨어져서 자유를 누리고 싶은 마음 말이다. 나는 첫째 출산 후, 둘째가 태어나기 한 달 전까지 단 하루도 첫째를 다른 사람에게 맡긴 적이 없었다. 특별히 의도한 건 아니었지만, 지방에 계신 시댁과 친정 탓에 남편과 둘이서만 온전히 키워야 했기 때문이다. 하루 중 잠깐 동안 남편이나 부모님들께 맡긴 적은 있었지만 정말 손에 꼽을 정도였다. 그 시절 내 마음 한구석에는 내가 다 해야 한다는 생각이 자리하고 있었다. 그런데 이 과정에서 종종 놓쳐버리는 사실이 하나 있다. 바로 '엄마도 독립된 개인'이라는 점이다.

아이에게 집중하는 건 중요하지만, 엄마도 잠시라도 숨 돌릴 시간이 절실히 필요하다. 현실 육아 속에서 그 시간을 확보하기가 쉽지는 않다. 여건이 되더라도 엄마 스스로 죄책감을 느껴 포기해버리는 경우도 많다. 나도 첫째를 키울 때는 거의 포기에 가까운 쪽이었다. 그때는 '이 시간을 누가 대신해줄 수 있을까?' 하는 막막함이 컸다.

아이에게서 잠깐 떨어지는 순간조차 엄마가 느끼는 걱정과 두려움, 그리고 죄책감을 흔히 '엄마의 분리불안'이라 부른다. '내가 없으면 아이가 괜찮을까? 혹시 아이가 불편한 상황에 놓이지 않을까?' 하는 생각이 쌓이면 엄마는 아이 곁을 떠나지 못한다. 하지만 엄마의 이런 불안은 아이에게도 전해져, 아이가 엄마가 잠깐 보이지 않아도 매달리고 울어버리는 모습을 보일 수 있다. 결국 아이는 독립성을 기를 기회를 잃고, 엄마 역시 지쳐버린다. 물론 아이와의 관계를 소중히 하는 건 당연하다. 그러나 온종일 아이만 붙드는 건 엄마 자신에게도, 아이에게도 좋은 방법이 아니다.

엄마들 중에는 '혼자 있는 시간'을 부정적으로 여기거나, 괜히 아이에게 미안하다는 생각을 하는 경우가 많다. 그러나 이것은 잘못된 선입견이다. 관련 연구 결과를 봐도, 혼자만의 시간을 잘 활용해 감정을 정리하는 사람이 훨씬 스트레스 관리에 능숙하다고 한다. 육아는 신체적·정신적으로 에너지를 많이 소모하는 일이니, 엄마가 쉬지 못하면 번아웃 상태가 되기 쉽다. 실제로 하루 중 잠깐이라도 좋아하는 음악을 듣거나, 간단히 산책을 하거나, 조용히 차 한 잔을 마시면서 마음을 정리해보면 생각보다 큰 차이가 난다. 그건 단순한 사치가 아니라, 아이를 더 잘 돌보기 위한 과정이라고 볼 수 있다.

엄마가 잠시라도 아이에게서 떨어져 취미를 즐기거나 짧은 시간이라도 내면을 들여다보면, 다시 아이와 마주했을 때 훨씬 여유롭고 긍정적인 태도를 보이게 된다. 아이가 성장하며 자연스레 생기는 작은 실패나 시행착오에도, 조금 더 해보라고 격려하면서 아이의 자율성을 믿어줄 수 있게 된다. 반대로 엄마가 분리불안을 해소하지 못한다면 아이 일에 사소한 것까지 간섭하게 되고, 과보호적인 태도가 굳어질 수 있다. 그러면 아이가 "엄마 없으면 나는 아무것도 못 해."라고 인식하게 된다. 그러면 아이는 스스로 문제 해결하는 기회를 얻기 어렵다. 하지만 엄마가 건강한 거리감을 유지하면, 아이는 실패해도 다시 도전할 수 있고 "엄마가 없어도 할 수 있어!"라는 자신감을 쌓을 수 있다. 넘어져볼 기회를 충분히 주는 게 자라는 아이들에겐 더 큰 밑거름이 되어줄 수 있다.

 아이의 성취나 실패는 아이 스스로 경험해야 할 몫이고, 엄마는 그저 "수고했어, 잘했어. 다시 해보자."라고 말해주는 조력자 역할을 하면 된다. 엄마가 굳이 아이 인생을 대신 살아줄 필요가 없다는 뜻이다. 아이가 도와달라고 하면 기쁜 마음으로 도와주되, 아이 스스로 해야 할 일마저 대신 처리하지 않는 게 핵심이다. 그렇게 해야 아이도 스스로 일어나는 법을 배운다.

아이와 분리하기가 막막하다면 처음에는 작은 시도부터 해보자. 아이가 혼자 하는 놀이에 열중할 때, 엄마는 옆방에 들어가 10분만 차를 마시거나 책을 읽는 시간을 가져보는 것이다. 아이가 울고 불안해해도 차근차근 익숙해지도록 함께 연습하면 된다. 어린이집을 처음 다닐 때 적응 기간을 두는 것과 비슷한 방식이라 볼 수 있다. 그런 경험들이 쌓이면 엄마도 '내가 잠깐 없어도 아이가 잘 노네.' 하고 안도감을 얻고, 아이는 '엄마가 곁에 없다고 해서 무조건 불안해할 필요는 없구나.' 하며 자립심을 기르게 된다.

 엄마가 자기 자신을 놓치지 않고 혼자만의 시간을 통해 재충전할 때, 아이와 함께하는 순간도 훨씬 풍요로워진다. 아이도 '엄마가 없어도 난 잘 지낼 수 있다'는 마음 근육을 기르며, 자연스럽게 독립심을 갖출 수 있게 된다. 아이와 엄마의 삶이 분리되면 모두 행복해진다는 말은 한쪽을 아예 떼어놓으라는 게 아니라, 서로를 존중하고 독립성을 인정하면서 더 즐겁게 함께 지낼 수 있다는 의미다. 잠시 서로에게서 떨어져 있는 용기를 내본다면, 엄마도 아이도 보다 더 자유롭고 더 넓은 세상을 향해 나아갈 수 있을 것이다.

우울과 불안을
대물림하지 않기 위해

아이와 하루 종일 붙어 있으면 정말 쉴 틈이 없다. 그러다 보면 내가 지금 어떤 감정을 느끼고 있는지 스스로에게 물어볼 여유조차 없어지곤 한다. 나 역시 첫아이 백일 무렵에 몸이 보내는 이상 신호로 침대에서 내려오지조차 못하는 일을 겪고 나서야, '내가 정말 괜찮은 걸까?'라는 질문을 스스로에게 던지기 시작했다. 하루 종일 아이를 먹이고 재우고 돌보며 정신없이 살다 보니 이따금 찾아오는 혼자만의 순간에 팽팽히 당겨졌던 활시위가 딱 끊어지는 느낌이 들곤 했었다. 그러던 중 세계적인 심리학자 웨인 다이어(Wayne Walter Dyer)의 말이 머릿속을 맴돌았다.

"잠시 멈춰서 고요한 시간을 가지며 자신에게 물어보라."

이기적인 엄마가 아이를 잘 키운다

엄마라는 자리는 끝없이 책임감을 느끼고 재정적 희생을 감수하며, 일과 삶의 균형까지 맞추어야 한다고들 한다. 하지만 그 모든 것 이전에 '엄마인 내 마음'을 먼저 살펴야 한다는 사실을 절대 잊지 말자.

출산 후 우울감이나 정서적 불안정함을 겪는 경우는 생각보다 흔하다. 흔히들 '산후 우울증'이나 '육아 우울'이라는 말을 하는데, 직접 겪어보지 않은 이들은 "엄마가 돼서 우울증이라니…."라며 이해하지 못하기도 한다.

육아 최전선에서 고군분투하다 보면 알게 모르게 가슴속에 쌓이는 화가 쌓인다. 때로는 엄마가 느끼는 감정을 탓하며 2차적인 상처를 주는 경우도 있다. 하지만 이것은 내 의지와 상관없이 몸과 환경이 달라지면서 생기는 자연스러운 변화다. 특히 출산 후 최소 6개월에서 1년은 산모가 몸과 마음을 회복해야 하는 시기이니 몸이 보내는 신호를 '내 탓'으로 돌리는 일은 없어야 한다.

미국 정신의학회(APA)에 따르면, 출산 후 겪는 정서적 변화로 '베이비 블루스(Baby Blues)'와 '산후 우울증(Postpartum Depression)'이 대표적이라고 한다. 그중 베이비 블루스는 출산 후 약 50~80퍼센트의 여성들이 겪는 비교적 가벼운 우울감으로, 보통 출산 후 35일에 가장 심해지고 2주 이내에 자연스럽게 호전된다. 많은 엄마들이 '아이를 위해 행복해야 한다'거나 '엄마는 강해야 한다'는 사회적 기준 때문에 불안을 인정하지 못하고 숨기려 든다. 하지만 감정을 부정하거나 억누르면 오히려 스트레스가 커지고, 육아의 어려움이 배가된다는 사실을 꼭 기억하자.

"아이에게 가장 큰 영향을 미치는 것은 부모가 말로 하는 교육이 아니라, 부모 스스로 해결되지 않은 문제를 어떻게 다루느냐 하는 것이다."

스위스의 심리학자 카를 융(Carl Gustav Jung)의 말이다. 엄마가 매일 걱정과 불안 속에서 지낸다면, 아이도 세상을 두려운 곳으로 인식할 가능성이 높아진다. 예를 들어, "조심해!", "위험해 보이니까 그만둬!" 같은 말을 자주 하게 되면 아이는 도전에 앞서 두려움을 먼저 느낀다. 또 엄마가 스스로를 자책하거나 비난하는 모습을 자주 보이면 아이도 점차 자신을 부정적으로 바라보게 될 수 있다. 반면, 엄마가 "오늘 정말 힘들었어. 나도 잠시 쉬어야 할 것 같아."라고 솔직하게 감정을 인정하고, 스스로를 보살피는 모습을 보이면 아이는 '감정이 힘들 때 이렇게 해소하는 거구나.' 하고 자연스럽게 배운다.

실제로 부모의 정서적 안정이 아이의 정서적 발달과 사회성 형성에 큰 영향을 미친다는 연구 결과도 많다. 미국 UCLA 연구팀의 조사에 따르면, 부모가 과도하게 걱정할수록 아이는 자율성이 떨어지고 중요한 결정을 두려워하게 될 확률이 높다고 한다. 영국

케임브리지대학 연구팀에서는 부모가 감정을 억누르면서 부정적인 표현을 자주 할수록, 아이가 분노를 건강하게 해소하지 못하고 자기 자신을 낮게 평가하는 경향이 커진다고 밝혔다. 하버드대학 아동발달연구소에서는 '부모가 감정을 숨기고 억누르는 가정에서 자란 아이들은, 감정을 솔직하게 표현할 수 있는 환경에서 자란 아이들에 비해 부정적인 감정을 조절하기 어려울 확률이 훨씬 높다'는 사실을 강조하기도 했다.

결국 엄마가 자신의 감정을 건강하게 다루면 다룰수록 아이는 그 모습을 보고 자연스럽게 감정 조절을 배우게 된다. 육아 초기에는 사랑스러운 아이의 모습을 보는 것만으로도 버틸 힘이 생기지만, 시간이 지날수록 '내가 정말 잘하고 있는 걸까?'라는 의문이 찾아올 때가 있다. 그럴수록 스스로 느끼는 부정적인 감정을 부정하지 말고, 내가 지금 힘들어하고 있음을 인정해야 한다. 그리고 그 감정을 어떻게 건강한 방식으로 풀어낼지를 고민하는 시간이 필요하다.

우울과 불안을 대물림하지 않기 위한 실천법

1. 감정을 억누르지 말고, 솔직하게 인정하기

엄마니까 무조건 괜찮아야 한다는 생각을 버리고, "오늘 정말 힘들었어. 잠시 쉬어야겠어."라고 솔직히 말해본다. 감정을 부정하지 않고 인정하면, 오히려 감정을 다스리기가 쉬워진다.

2. 감정을 건강하게 표현하기

아이 앞에서 모든 감정을 숨기려 하기보다 "엄마가 피곤해서 화가 났어. 조금만 쉬고 다시 얘기하자."처럼 표현한다. 이렇게 하면 아이도 엄마의 감정을 잘 이해하게 되고, 자신의 감정을 솔직하게 표현하는 법 또한 배울 수 있다.

3. 엄마 자신을 위한 시간 확보하기

하루 10분이라도 '나만의 시간'을 갖도록 노력한다. 좋아하는 음악을 들으며 차 한 잔 마시기, 가벼운 스트레칭이나 운동으로 몸을 풀어주기, 감정 일기를 쓰며 스스로의 마음을 정리하기. 이런 작은 습관들이 쌓여서 엄마의 감정을 회복시키는 힘이 된다.

엄마의 불안과 우울은 엄마 혼자만의 문제가 아니다. 엄마가 스스로를 챙기고 감정을 건강하게 표현할수록, 아이는 그만큼 더 밝고 안정적인 환경에서 자랄 수 있다. 아이에게 엄마의 불안이나 우울, 두려움 같은 감정을 대물림하고 싶지 않다면 먼저 엄마가 자신을 돌보는 데 애써야 한다.

내 곁에는 이미 무엇과도 바꿀 수 없는 소중한 존재들이 있다. 그러니 악착같이 행복해야 한다. 부정적인 감정이 스며들 틈이 없도록, 더 많이 웃고 더 자주 따뜻해지기를 바란다. 슬픔이나 우울함이 찾아온다고 해도 숨기지 말고, 아이에게까지 번지지 않도록 건강하게 해소할 수 있는 방법을 찾아가면 된다. 그렇게 엄마가 조금씩 단단해질 때, 아이도 그 힘을 물려받아 자신의 길을 스스로 걸어갈 수 있을 것이다.

아이의 행복을 바란다면
엄마가 먼저 행복해져라

내 아이가 조금이라도 더 행복하길 바란다면 엄마인 내가 먼저 행복해져야 한다. 그러기 위해서는 '행복'이라는 추상적 개념을 현실에 구체화하는 것부터 시작해야 한다. 내가 행복을 느끼는 요소들을 찾아내야 한다는 말이다. 나는 이것을 나만의 '해피포인트(Happy Point)'라고 부른다.

함께 있는 사람의 기분이 좋지 않아 보이면 그 사람의 눈치를 보게 되는 것처럼, 엄마 기분이 좋지 않으면 아이도 엄마 눈치를 보기 마련이다. 엄마 마음이 가시밭길 같으면, 아이의 작은 행동에도 엄마가 예민하게 반응하게 된다. 그러면 자연스레 엄마의 눈에는 아이의 좋은 면보다 결점이 더 크게 보인다. 반대로 엄마의 마음에 여유와 안정이 깃들어 있을 때는, 같은 행동 앞에서도 아

   이기적인 엄마가 아이를 잘 키운다

이의 장점과 가능성이 먼저 보이게 된다. 그런 엄마의 모습을 보고 자란 아이는 행복해지는 방법과 긍정적인 삶의 태도를 자연스럽게 배운다. 결국 엄마가 행복해야 아이에게도 여유를 건넬 수 있다.

아이와 엄마 사이의 감정 공유에 대해 많은 전문가가 같은 결론을 내놓는다. 신지용 정신건강의학과 원장은 여러 연구 결과를 인용해 "아무리 어린 신생아라도 엄마의 감정 상태에 영향을 받는다"고 설명한다. 엄마가 우울하거나 불안을 심하게 느끼면 아이도 같이 어두운 감정을 느낄 가능성이 높아진다. 이를 '감정의 전염성(mood infectivity)'이라고 부른다. 반대로 엄마가 행복하고 긍정적인 감정을 느낄수록, 아이도 그런 감정을 스펀지처럼 흡수하며, 스스로 감정을 이해하고 조절하는 능력을 키워간다.

2021년 한국청소년문화연구소 〈청소년 문화포럼〉에 발표된 논문에서도 엄마의 행복과 자존감이 아이의 정서적 안정과 전반적인 발달에 결정적 영향을 미친다고 보고했다. 엄마가 행복하고 긍정적인 상태일 때, 아이에게 더 많은 관심과 지지를 제공하기 때문이다. 이는 아이의 학업 성취나 사회성 발달에도 큰 도움을 준다. 결국 엄마가 자신의 행복을 돌보는 일은 곧 아이를 위한 첫걸음이다.

행복에 이르는 길은 사람마다 다르겠지만 '내가 언제 행복한가'

를 먼저 찾아보면 자연스레 그 방향으로 행동하게 된다. 나는 아침 알람이 울리기 직전에 스스로 눈을 뜰 때 행복하다. 비슷한 시간에 깨어나면 기분이 좋아지기 때문이다. 이런 작은 순간들을 반복해 쌓으면 몸도 그 기억을 하게 된다. 또 누워서 아이에게 책을 읽어주다 어느새 나도 아이와 함께 잠들었을 때 행복감을 느낀다. 평소에 나는 쉽게 잠들지 못해 고생하는 편이라, 언제 잠이 들었는지 모를 정도로 푹 잤다는 사실이 나를 기분 좋게 만든다. 이런 식으로 자신이 언제 행복을 느끼는지, 자신만의 '해피포인트'를 자주 생각해보고, 아이와 남편, 사랑하는 가족, 주변 사람들과 나눠봐도 좋겠다.

육아를 하다 보면 누구에게도 위로받지 못한다는 생각에 외로워질 때가 있다. 하지만 행복이란 감정도 학습되고, 개인의 경험과 배경에 따라 그 형태가 달라진다. 이런 이유로 스스로의 감정을 객관적으로 들여다볼 필요가 있다. 잠시 육아에서 벗어나 혼자만의 시간을 갖거나, 좋았던 일과 슬펐던 일을 적어보는 것도 방법이다. 나를 객관적으로 바라보다 보면 '아, 내가 이런 부분에서 행복을 느끼는구나' 하는 깨달음이 찾아올 수도 있다. 스스로에게 "그동안 고생했어.", "마음을 들여다봐주지 못해서 미안해."라고 말해줄 줄 아는 사람이 되면 한결 마음이 편안해진다. 의외로 자신이 무엇을 원하는지 모른 채, 아이의 행복만을 위해 달려가는 엄마들도 많다. 정작 내 행복을 찾지 못하고서 아이를 위해 무언

이기적인 엄마가 아이를 잘 키운다

가를 한다고 해서 제대로 된 결과가 나올 수 있을까?

엄마들은 흔히 아이에게 "엄마는 네가 있어서 행복해."라고 표현한다. 그래서 아이가 어느 정도 크면 "엄마, 나 혼자 밥 잘 먹었으니까 행복해?", "내가 혼자서도 옷 잘 입으니까 엄마 행복하지?"라고 묻기도 한다. 아이도 어느새 자신의 행동으로 인해 엄마가 행복을 느낀다는 것을 알게 되는 것이다. 이처럼 말을 전하면 인지가 되고, 인지가 되면 느껴진다. 스스로에게도 똑같이 해주면 된다. 아이에게서 얻는 행복도 나의 행복이 될 수 있다. 나의 행복은 내가 행동해서 얻어지는 것들이면 더 좋다. 내가 아닌 남이 행동해서 얻어지는 결과가 아니라 내가 직접 만들고 이루어내는 것들에서 찾는 것이다.

엄마의 정서적 안정이 아이의 감정 조절과 사회성에 직접적인 영향을 준다는 연구들이 이미 많이 나와 있다. 엄마가 스트레스를 받으면, 아이 역시 불안정해질 확률이 높아진다. 임신 중이든 출산 후든, 엄마의 감정 상태는 늘 아이에게 연결되어 있다. 육아에는 엄마의 감정이 영향을 미칠 수밖에 없다. 엄마가 행복하고 안정적일수록 아이도 더 건강하게 자라난다. 엄마가 자신의 감정을 잘 돌보는 일은 단지 '나를 위한 사치'가 아니다. 좋은 육아를 위한 기본 준비 단계다. 처음 엄마가 되면 모든 것이 아이 중심으로 흘러가겠지만, 그 와중에도 엄마는 여전히 한 명의 독립된 개인임을 잊지 말아야 한다. 나를 돌보고 사랑하는 태도가 먼저다.

엄마가 정서적으로 안정되고 자기 가치를 느끼면, 아이도 건강하게 성장한다는 건 너무 당연하다. 영국 공공의료기관(NHS) 사례에서도, 우울과 불안을 호소하던 엄마들이 일정 기간 상담과 교육을 받는 동안 아이들의 공격성이나 불안 수준이 뚜렷이 낮아졌다는 보고가 있다. "엄마가 안정감을 찾으면 아이에게도 그 에너지가 고스란히 전달된다"는 게 전문가들의 설명이다. 실제로 엄마가 회복탄력성을 키우며 "어떤 어려움이 와도 배워나갈 수 있어."라고 말하고 행동으로 보여주면, 아이는 인생의 도전 앞에서도 '나도 할 수 있다'는 희망을 가지게 된다. 엄마가 스스로를 돌보며 성장하기 시작하면 아이의 부정적 정서와 행동 문제도 함께 나아지는 경우가 많다고 한다. 반면 엄마가 심리적으로 침체되어 있으면, 아이도 우울과 불안을 겪을 확률이 훨씬 높아진다.

국내 육아종합지원센터나 여러 부모 교육 프로그램에서도 비슷한 사례가 보고된다. '부모 자율성 지원 프로그램'에 참여한 엄마들은 입을 모아 "제가 먼저 변하니까 아이도 달라졌어요."라고 말한다. 엄마가 자기 자신에 대해 더 믿음을 갖게 되고, 그 영향이 고스란히 아이와의 관계에 퍼진 것이다.

지금도 충분히 잘하고 있다.
완벽하게 못해도 괜찮다.

이기적인 엄마가 아이를 잘 키운다

이 문장을 늘 기억했으면 한다. 아이가 행복해지길 원한다면, 엄마가 먼저 자신을 소중히 여겨야 한다. 가끔은 오롯이 '나'만을 위한 시간을 가지면서 감정을 돌보자. 엄마가 웃을 때 아이도 웃는다. 오늘도 최선을 다하고 있는 모든 엄마들을 응원한다.

단단한 육아의
기준을 만들자

    육아를 하다 보면 매 순간 모든 것에 엄마의 선택이 따른다는 것을 알게 된다. 아이의 예방접종을 할 때도 접종할 약품의 종류를 선택해야 한다. 기저귀 하나를 사려고 해도 수많은 제품 중에서 골라야 한다. 만약 엄마 마음이 이리저리 흔들리면 그 혼란스러운 모습이 고스란히 아이에게도 전해진다. 그래서 육아할 때 남들의 말을 그대로 받아들이기보다 나만의 필터를 통해 선별하는 과정이 필요하다. '이것이 대세다'라는 유행을 좇다 보면 우리 아이에게 정말 필요한 게 뭔지 놓치기 쉽다. 결국 내 아이에 대해 가장 잘 알고 있는 사람은 엄마 자신이라는 사실을 절대 잊지 않아야 한다. 남들이 제시하는 육아 정보가 내 아이에게 맞지 않는다고 해서, '우리 아이가 이상한 거 아닐까?' 하고 불안해할 필요는

이기적인 엄마가 아이를 잘 키운다

없다는 말이다. 그저 그 방식이 우리 아이에게 통하지 않을 뿐 이상할 일이 아니다.

나의 첫째 아이는 3.2킬로그램으로 태어나 돌 즈음에도 겨우 8킬로그램을 넘길 정도였다. 소아과 이론적으로 봤을 때 몸무게가 너무 적게 나가는 아이였다. 영유아 검사를 갈 때마다 소아과 선생님께서 먹는 것을 집중적으로 체크를 해주셨던 게 기억난다. 겉으로 티를 내지 않았을 뿐 나 역시 마음이 편하지 않았다. 어쩔 수 없는 엄마의 마음에 한약이며 영양제며 이것저것 시도해봤지만 결과적으로 크게 달라진 건 없었다. 그런데도 시간이 지나면서 딱히 아이의 건강에 문제가 없다는 것을 확인하고는 더 이상 '우리 아이는 왜 이럴까?' 고민하지 않았다.

나도 그렇고, 남편의 어린 시절도 나와 크게 다를 바 없었다. 내가 어릴 때 가장 많이 들었던 말이 밥 좀 많이 먹으라는 소리였다. 나는 어릴 때 워낙 작고 말랐었기에 주변 사람들이 우리 엄마에게 딸내미 뭐 좀 많이 챙겨 먹여야 하는 거 아니냐 말했던 기억이 난다. 그때 엄마의 대처도 지금의 나와 같았다. 무던하게 그 말들을 그저 들을 뿐 나에게 좋지 않은 에너지를 전달하지 않았다. 올해 초등학교 입학을 앞둔 첫째는 지금도 키가 작고 마른 편이다. 영유아건강검진 때 성장지연검사를 제안받고 대학병원에서 관련 검사를 진행했었다. 검사 결과 아무런 문제가 없었다. 아이들마다 성장 속도는 다르기에 나는 그것이 우리 아이의 특징일 뿐 문제가 아니라고 생각하게 되었다. 보통의 엄마들이라면 주변에 다른 아이들과 비교하면서 아이를 볼 때마다 한숨이 나와야 하는 상황이다. 그러나 엄마가 나를 키울 때 그러셨듯이, 나도 아이들에게 안 좋은 에너지를 전달하지 않으려 한다.

아이가 특별히 아픈 곳이 없다면 굳이 왜 더 자라지 않는지 걱정할 필요가 없다. 아이가 활동적이고 매일 건강하게 뛰어놀 수 있다면 체중이 얼마나 나가든 키가 크든 작든 그건 큰 문제가 되지 않는다. 물론 꾸준히 필요한 영양을 챙겨주고, 성장에 좋은 습관을 길러주는 건 기본이지만 '어쩌면 우리 아이가 어딘가 이상한 건 아닐까?' 하는 막연한 불안과 걱정이 의미가 없다는 뜻이다.

우리나라는 유독 외형적인 것에 민감하다. 특히 아이를 키우는 엄마들은 키와 몸무게에 반응할 수밖에 없다. 잘 먹고 잘 크면 얼마나 좋으랴. 하지만 모든 아이가 똑같은 속도로 자랄 순 없다는 걸 인정한다면 문제될 건 아무것도 없다.

내가 선택한 건 '아이와 함께 힘들어지지 않는 쪽'이었다. 실제로 잘 먹지 않던 우리 아이도 커갈수록 사회성이 발달한 덕분인지 사회생활을 하느라 그러는지 밥을 대하는 모습에도 변화가 생겼다. 아이가 스스로 필요하다 느끼면 굳이 강요하지 않아도 알아서 먹는다는 걸 확인할 수 있었다. 기다려줄 줄 아는 엄마의 여유가 필요하다. 어른들도 입맛이 변하고 편식이 심한 사람들도 있지 않

 이기적인 엄마가 아이를 잘 키운다

나. 그런데 아이에게만 "골고루 먹어야 해!"라고 말하는 건 무리가 있다. 그래서 더더욱 엄마 스스로 흔들리지 않는 기준을 가지고 판단할 수 있는 힘이 필요하다. 그러기 위해서 엄마의 뿌리가 튼튼한 상태로 단단히 박혀 있어야 한다.

나에게 중요한 일을 결정할 때 나와는 아무런 상관이 없는 남에게 대신 결정해달라고 말하는 사람이 있을까? 조언 정도야 구할 수 있겠지만 결국 모든 결정은 스스로 생각하고 고민해서 내려야 한다. 아이가 어릴 땐 엄마가 선택해야 할 것들이 더 많다. 그래서 이 시기에 더욱 엄마의 판단력이 중요하다. 그러다 아이가 커갈수록 엄마가 판단하고 선택해주는 것보다 아이가 직접 생각해보고 판단할 수 있도록 도와주어야 한다. 그러기 위해서라도 아이가 어릴 때부터 엄마의 뿌리가 튼튼해야 한다. 약한 비와 바람에도 쉽게 꺾이고 부러져서는 안 된다. 어떠한 상황에서도 나의 상황에 맞는 대처를 할 수 있게 만들어놓아야 한다.

식물을 키울 때도 물 주는 주기나 양이 각각 다르고, 꽃이 피고 지는 시기가 제각각이다. 아이들 역시 먹는 양과 흡수하는 양이 제각각일 수밖에 없다. 하지만 많은 엄마들이 '우리 아이가 혹시 성장 시기에 뒤처지지는 않을까' 하는 마음을 가진 채 세상이 정해둔 '평균' 또는 '기준'에 맞춰 초조한 마음으로 아이를 지켜본다. 막상 그 기준보다 조금 뒤처진다고 해서 치명적인 문제가 생기는 건 아닌데도 스스로 불안해한다. '기다릴 줄 아는 단단한 엄마'가 되길 바란다. 엄마의 굳건한 믿음이 있을 때, 아이는 안정감을 느끼면서 자신의 속도로 잘 자랄 것이다.

결국 '단단한 육아'란 아이를 키우는 과정에서 엄격함과 유연함, 사랑과 훈육, 엄마의 행복과 아이의 성장을 고루 고려하는 태도라고 생각한다. 외부 시선이나 유행에 휩쓸리지 않고, 우리 아이에게 맞는 길을 찾아가면서 함께 성장하는 것이다. 엄마가 스스로 건강한 감정을 유지하고, 사랑과 책임감을 균형 있게 가르쳐야 아이도 내면이 단단하고 행복한 사람으로 자란다. 엄마가 중심을 제대로 잡아야 하는 이유가 바로 여기에 있다.

육아에는 정답이 없다고들 한다. 완벽한 '정답'을 강요받는 순간, 엄마는 그 무게에 짓눌려 더 힘들어질 뿐이다. 내가 강조하고 싶은 건 '나만의 기준'을 갖고 육아에 임하자는 점이다. 요즘 같은 정보 홍수 시대에 위층 엄마나 조리원 동기 혹은 애 셋을 키운 사촌 언니 말만 맹목적으로 좇다 보면 정작 내 아이가 원하거나 필요한 건 놓치기 쉽다. 모르는 건 물어보고 궁금하면 도움을 받되, 내 아이의 특성과 상황을 가장 우선에 두어야 한다. 이것이 결국 아이를 위한 길이자 스스로 흔들리지 않는 '단단한 육아'를 완성하는 길이라고 믿는다.

  이기적인 엄마가 아이를 잘 키운다

엄마의 성장이
곧 아이의 가능성이 된다

아이가 태어난 순간부터 우리는 '엄마'라는 이름을 얻는다. 아이를 낳고 키우는 동안 자연스럽게 그 역할에 몰두하게 된다. 하루의 대부분 아이의 요구를 들어주고 아이가 편안하도록 살피느라 정신이 없다. 그러다 보면 문득 '나는 어디에 있지?'라는 질문이 떠오르기도 한다. 아이에게 온 힘을 쏟고, 아이가 자라는 모습을 보며 분명 행복한데도 이유 모를 공허함이 생길 때가 있다. 나도 첫 출산 이후 한 차례 큰 문제를 겪고 난 뒤에야 '육아 말고 나를 위해 무언가를 해볼까?'라는 생각을 처음 하게 됐다. 아이만 바라보다 보면 어느 순간 나 자신이 사라져버린 느낌이 들어서 머릿속이 복잡해지곤 했었다.

하지만 엄마가 되는 과정은 결국 새로운 성장의 기회이기도 하다. 엄마가 배우고 변화하는 모습을 보일 때, 아이는 '인간은 계속 성장할 수 있다'는 사실을 직접 목격하기 때문이다. 아이에게 가장 강력한 스승은 부모고, 그중에서도 매일 함께 시간을 보내는 엄마가 주는 영향은 특별하다. 아이에게 책을 통해 배운 지식을 전하는 것보다 엄마가 실제로 해결하고, 부딪히고, 실패하고, 다시 도전하는 모습을 보여주는 것이 훨씬 더 강력한 메시지가 된다. 말로 가르치는 엄마보다 삶으로 가르치는 엄마가 이상적인 이유다.

엄마가 어려운 일을 어떻게 해결하는지, 어떤 태도로 새로운 걸 배우는지, 실수했을 때는 스스로를 어떻게 다독이는지. 아이는 이런 모든 과정을 가까이에서 지켜본다. 그래서 엄마가 한 걸음씩 성장해 나가는 모습은 아이에게 '사람은 배울 수 있고 변화할 수 있는 존재'라는 희망을 심어준다. 전문가들도 공통적으로 말하는 부분이 있는데, 엄마가 자기 자신을 돌보며 꾸준히 발전하려고 하는 모습이 결코 이기적인 욕심이 아니라는 것이다. 오히려 그것이 아이의 미래를 더 풍요롭게 만드는 길일 수 있다고 말한다. 그런 엄마의 모습을 보며 아이가 '나도 저렇게 될 수 있구나!'라는 믿음을 얻기 때문이다.

물론 말처럼 쉽지만은 않다. 육아에는 이미 많은 에너지가 필요하고, 매일이 새로운 고민과 선택의 연속이다. 그러다 보니 '지금도 벅찬데, 나 자신까지 돌볼 여유가 어디 있지?'라는 생각이 드

　　　　　　　　　　　　　　　　이기적인 엄마가 아이를 잘 키운다

는 게 당연하다. 그렇지만 엄마의 '성장'이 꼭 대단하고 거창한 무언가는 아니다. 일상의 아주 작은 변화부터 시작할 수 있다. 내 경우도 큰돈을 들이거나 거창한 목표를 세우기보다 당장 실천 가능한 사소한 것들부터 시작했다. 그렇게 조금씩 나를 가꿔나가는 동안, '엄마'로서의 성장뿐 아니라 '한 사람'으로서의 성장도 함께 경험할 수 있었다.

가족체계이론으로 유명한 M. E. 케르(M. E. Kerr)와 머레이 보웬(Murray Bowen)은 부모가 자신의 정서와 생각을 구분하고 심리적 안정을 유지할 때 자녀도 훨씬 건강한 정서적 기반에서 자랄 수 있다고 말한다. 엄마가 '이 정도 불안쯤은 내가 다스릴 수 있어.'라고 생각하고, 작은 성취를 쌓으며 자기조절능력을 키워가면, 아이도 '엄마는 저렇게 해내는구나.' 하고 자연스럽게 배운다. 사회학습이론의 앨버트 반두라(Albert Bandura) 역시, 아이는 주변 어른을 관찰하면서 '인간이 배울 수 있는 존재'임을 깨닫는다고 했다. 엄마가 새로운 걸 배우고 즐기는 모습을 보여줄수록 아이 역시 도전과 실패를 긍정적으로 받아들이게 된다. "엄마도 처음엔 서툴렀지만 점점 익숙해졌어."라는 한마디는 실패나 실수가 배움의 과정임을 깨닫게 해주는 가장 좋은 본보기라고 할 수 있다.

실제로 육아에 전념하다 보면 '내가 뭔가를 배울 시간이나 기회가 있을까?' 하는 걱정을 먼저 하게 된다. 그런데 엄마가 자기 계발을 계속하고, 흥미 있는 분야에 작은 에너지라도 쏟아보는 것 자체가 아이에게 줄 수 있는 최고의 선물 중 하나가 된다. 엄마가 책을 읽고 배움을 즐기는 모습을 보이면, 아이는 독서가 즐거운 습관이 될 수 있음을 자연스레 받아들이게 된다. 엄마가 운동이나 취미로 스트레스를 푼다면, 아이는 지치거나 화가 날 때 그 감정을 어떻게 해소하면 되는지를 배운다. 또 엄마 스스로 "나도 아직 많이 서툴지만, 연습하다 보면 나아질 거야."라고 말하는 그 순간, 아이는 실패나 실수를 '잘못된 것'이 아니라 '성장의 과정'으로 받아들이게 된다.

결국 엄마가 스스로 성장하는 일은 아이를 위해 모든 것을 희생하는 모습보다 훨씬 큰 사랑일 수 있다. 엄마가 자신의 가치를 깨닫고 삶을 가꿔나가는 모습을 통해 아이는 '자기 인생을 살아가는 법'을 구체적으로 배우기 때문이다. '최고의 육아법'을 찾아 여기저기서 정보와 조언을 얻는 것도 좋지만 정작 답은 엄마 자신이 직접 부딪혀보고 한 발씩 성장하면서 얻게 될 때가 많다. 엄마가 새로운 배움에 기꺼이 몸을 맡기고 즐거움과 어려움을 함께 느끼면서 더 풍부한 사람이 되어갈 때, 아이에게는 그 이상으로 큰 선물은 없다.

지금 당장 시작해보면 어떨까? 아주 작은 목표도 괜찮다. 책 한 권을 읽어보거나, 평소 배우고 싶었던 취미를 하나 찾아보거나, 상담이나 프로그램에 참여해보는 등 소소한 것으로도 충분하다. 엄마가 달라지는 순간, 아이가 보는 세상도 함께 넓어진다. 그 과정이 '엄마의 성장이 곧 아이의 가능성'임을 증명해줄 것이라고 믿는다.

성장하는 엄마가 되는 방법

1. 새로운 취미 시작하기: 거창할 필요 없다. 집에서 할 수 있는 운동, 책 읽기, 그림 그리기 등 간단하지만 내게 재미와 활력을 주는 활동을 꾸준히 해보자.

2. 글 쓰는 습관 들이기: 아이가 낮잠 자거나 혼자 놀 때, 잠깐이라도 글을 써보자. 생각을 정리하고 감정을 해소하는 데 큰 도움이 된다.

3. 실수나 실패를 두려워하지 않기: 처음 시도하는 일에 실수하는 건 당연하다. "다음에 더 잘할 수 있을 거야!"라고 웃어넘기는 모습을 아이에게 보여주자.

4. 주변에 도움 청하기: 모든 걸 혼자 감당하지 않아도 된다. 엄마도 도움을 받아도 된다는 사실을 잊지 말자.

5. 마음을 안정시키는 루틴 만들기: 아침에 차 한 잔, 자기 전 스트레칭처럼 매일 짧게라도 반복할 수 있는 습관을 하나 정해 실천해보자.

6. 작은 목표 정하고 달성해보기: 이번 달에 아이에게 그림책 5권 읽어주기 같은 쉬운 목표를 세우고 달성하면서 성취감을 느낄 수 있다.

7. '엄마만의 공간' 꾸려보기: 집 안 한구석이라도 엄마만의 자리를 만들어, 거기서 책을 읽거나 취미 활동을 할 수 있도록 해본다.

8. 감정 다스리는 방법 배우기: 호흡법, 명상, 산책처럼 스트레스를 줄이는 자기만의 방식 하나쯤 익혀두면 아이 앞에서 감정이 폭발하는 순간이 줄어든다.

9. 작은 성공 경험들을 기록하기: 뿌듯했던 일이나 잘해낸 순간을 적어두자. "오늘 아이랑 안 싸웠다" 정도도 훌륭한 성공이 될 수 있다.

10. 다양한 배움 지속하기: 육아책뿐 아니라 관심 있는 다른 분

　　　　　　　　　　　　　　　　이기적인 엄마가 아이를 잘 키운다

야의 책이나 강의를 접해보자. 폭넓은 경험과 이해를 통해 더 현명한 육아를 할 수 있을 것이다.

11. 자기 자신에게 칭찬 건네기: 하루를 마무리하면서 "오늘도 수고했어. 잘했어."라고 말해보자. 엄마가 스스로를 사랑하는 모습은 아이에게 좋은 본보기가 된다.

12. 아이와 대화할 때 질문 늘리기: "왜 그렇게 생각해?", "어떻게 하면 좋을까?" 같은 질문으로 아이 생각을 끌어내보자. 아이가 더 많은 걸 표현하게 되고, 엄마도 아이의 새로운 면을 발견하게 된다.

13. 휴식 시간 정하고 지키기: 24시간 육아 모드로 달리면 지치게 된다. 매주 일정 시간을 '엄마 휴식 시간'으로 정해두고, 가능한 한 지키려 노력해보자.

14. SNS나 미디어 균형 있게 활용하기: SNS나 미디어는 정보를 얻거나 다른 엄마들과 교류하기는 좋지만, 과도한 비교나 정보 홍수로 스트레스를 받을 수 있다. 자신에게 맞는 선을 정해보자.

15. 아이와 정서적 공감 연습하기: "많이 속상했구나? 엄마도 그런 감정 알아."처럼 감정을 인정해주는 말을 해보자. 사소한 말 한마디가 엄마와 아이 모두를 더 성숙하게 만든다.

16. 집안일 완벽주의 내려놓기: 집안일을 100퍼센트 깔끔하게 해내려고 노력하지 않아도 괜찮다. 필요하면 가족이나 배우자에게 요청하거나, '적당히' 하는 것도 필요하다.

17. '안전지대' 밖에서 작은 시도해보기: 평소 안 해본 요리나 운동, 새로운 사람들과 만남 등을 시도해보자. 이런 도전이 쌓여서 자신감이 생긴다.

18. 꿈꾸는 모습을 아이에게 들려주기: "엄마도 이런 걸 해보고 싶어."라고 자연스럽게 얘기한다. 꿈꾸는 엄마의 모습을 보며 아이는 '미래'와 '가능성'을 떠올린다.

19. '나의 에너지' 점검하기: 매일 무엇으로 에너지를 얻고, 무엇으로 에너지를 잃는지 살펴보자. 에너지를 소모시키는 요소는 줄이고, 채워주는 활동을 늘리면 육아도 한결 편안해진다.

이 방법들을 목록으로 만들어 집 안 잘 보이는 곳에 붙여보자.

   이기적인 엄마가 아이를 잘 키운다

몇 가지라도 꾸준히 실천하다 보면, 어느새 엄마 스스로 사고방식과 마음가짐이 달라져 있음을 깨닫는 순간이 온다. 엄마가 변한다는 건, 그 자체만으로도 아이에게 '사람은 끊임없이 배울 수 있고, 달라질 수 있다'는 메시지를 주는 일이기도 하다.

육아는 한 사람을 완전히 바꿔놓을 만큼 강력한 힘을 갖고 있다. 엄마로서 겪는 어려움이 크지만, 그 안에는 무한한 가능성이 숨겨져 있다는 것도 사실이다. '아이에게 좋은 엄마가 되어야 해'라는 부담감 대신, '나도 아이와 함께 멋지게 자라볼 수 있겠구나'라고 생각하면 어떨까. 엄마가 성장하면 그만큼 아이에게도 도전과 성취의 기회가 넓어진다.

엄마의 성장이 곧 아이의 가능성이 된다.

오늘부터 나와 아이가 함께 조금씩, 천천히, 그러나 분명하게 나아질 수 있다고 믿어보자. 어느새 더 풍요롭게 변화된 일상을 만나게 될 것이다.

나 돌보기 전문가로
살아가기

많은 사람들이 '스스로를 돌보는 법'을 잘 모른 채 살아간다. 정작 내가 뭘 좋아하고, 언제 행복해지는지 제대로 아는 사람들은 의외로 적다. 일상에 치여 내 행복과 욕구를 들여다볼 새 없이 지내다 보면 어느 순간 '나는 무엇을 원하지?' 하고 물어보게 될 때가 찾아온다. 그러나 사람들은 상상 이상으로 스스로에 대한 사랑이 넘친다. 그래서 문제가 발생했을 때 자기 자신을 보호하려는 본능이 강하다. 막상 뭔가에 도전해야 할 상황이 되면 '이건 안 될 거야.'라는 이유부터 찾고, 도전하다 실패하면 '이래서 안 됐어.' 하고 자기합리화를 해버린다. 이 과정을 통해 불편함과 마주하기보다, 익숙한 상태에 머무는 편을 택하는 것이다. 이렇게 살아가다 보면 그저 사는 대로 생각하고, 자기 행동에 대한 인식 없이 그저 일상의 흐름대로 살아가는 모습을 띠기 쉽다. 가볍게 말하면 자꾸만 핑계를 대거나 세상 탓을 하게 되는 것이다.

하지만 아이를 낳아 기르고 있다면 '나를 돌보는 힘'을 키우는 데 훨씬 더 집중해야 한다. 아이를 보살피기 전에 내가 나를 돌보는 법부터 알아야 한다. 엄마가 행복해야 가정 전체의 행복이 굳건해진다고 해도 과언이 아니니까. 나를 우선시하는 건 이기적인 게 아닌가 걱정할 수도 있다. 그런데 사실은 그 반대다. 엄마가 자신을 잘 돌보아야 아이에게 더 좋은 엄마가 되어줄 수 있다. 마음 챙김부터 취미생활, 자아 회복을 위한 시간 만들기까지 엄마가 스스로에게 적극적으로 에너지를 쏟아야 한다.

가끔 아이에게 욱해서 터져나오는 화에 스스로 놀랄 때가 있다면 그건 나를 제대로 돌보지 못한 결과일 가능성이 높다. 내가 할 줄 모르는 걸 아이에게 "너는 잘해봐!" 하고 요구하는 건 옳지 않다. 솔선수범, 남보다 앞장서서 행동해서 몸소 다른 사람의 본보기가 된다는 뜻으로 육아를 할 때 아이를 잘 가르치고 싶다면 솔선수범하면 될 것이다. 정작 내가 감정을 다루고 나를 아끼는 법을 모른다면 육아 역시 계속 힘겹게 느껴질 수밖에 없다.

'아이가 책을 좋아하게 만들고 싶어요.'

'자기조절능력을 키워주고 싶은데 어떻게 하죠?'

이런 고민을 할 때, 말로만 아이를 가르치기보다 엄마인 내가 직접 보여주는 편이 훨씬 효과적이다. "책 좀 읽어라!"가 아니라 엄마가 책을 즐겁게 읽는 모습을 자주 보여주면 된다. "짜증 내지 마라. 화내지 마라." 잔소리 대신 엄마가 일상에서 감정을 잘 다스리는 모습을 보여주면 아이도 자연스럽게 배운다. 아이들은 엄마가 일상에서 어떻게 행동하고 반응하는지를 지켜보며 자라기 때문이다, 아이는 엄마를 따라 할 수밖에 없다는 사실을 기억하면 좋겠다.

다음에 적은 간단한 몇 가지 방법을 꼭 실천해보면 좋겠다.

1. 충분한 휴식
2. 규칙적인 운동, 건강한 식습관 관리
3. 사랑하는 사람들과 함께 시간 보내기
4. 자기 계발하기
5. 스트레스 관리

일상을 보내는 동안 엄마들은 많은 것을 선택하고 책임진다. 그래서 '충분한 휴식'은 필수다. 나 역시 휴식이 사치처럼 느껴졌었다. 아이와 단둘이 지내는 시간이 대부분이어서 쉬어야 할 틈도 없었고, 운동은 딴 세상 일인 것 같았다. 자기 계발은 아이 없는 사람들이나 하는 것이라고 생각했고, 결국 나를 돌볼 여유가 없으니 스트레스 관리는 말할 것도 없었다. 그런데 이 모든 건 다 연결되어 있었다. 첫째 아이의 돌 즈음, 한 번 감정이 폭발하듯 터져나

왔을 때 깨달았다. 제대로 쉬지 못하면 나도 모르게 욱하는 순간이 찾아오고, 그 결과 아이에게 화를 쏟아내게 된다. 그래서 나도 본격적으로 '나 돌보기'를 시작했다. '뭘 해야 내 숨통이 트일까?' 스스로에게 질문하며 나의 욕구를 파악하기 위해 시간을 조금씩 투자했던 것이다.

자신이 즐기는 취미를 찾거나, 편안한 음악을 듣거나, 명상을 하거나, 책을 읽는 시간을 가져보면 분명 도움이 된다. 운동은 몸과 마음 두 가지 모두에 좋은 방법이다. 규칙적인 운동은 스트레스를 줄이고 에너지를 높여 면역력을 상승시킨다. 식습관 관리를 함께하면 더욱 좋다. 식사할 때는 건강한 식품을 선택하고, 충분한 물을 마시며, 과다한 알코올과 흡연은 피해야 한다. 가족이나 친구와 함께하는 시간으로 스트레스를 줄이고, 삶의 만족도를 높일 수 있다. 일상에서 시간을 내어 소중한 사람들과 함께하면 행복한 기억을 계속 저장해주어야 한다.

자신의 역량을 향상시키는 것은 자신에 대한 자신감을 높이고, 더 나은 성과를 이룰 수 있게 도와준다. 자신의 미래를 위해 새로운 취미나 활동, 공부 등을 시작해보는 것을 해보자. 명상, 요가 활동 등을 한다면 스트레스를 관리하는 효과까지 얻을 수 있으니 더 좋겠다. 또 하나 중요한 건, '나에게 더 친절해지는 습관'을 들이는 것이다. 스스로를 비난하거나 자책하기보다는 "괜찮아, 잘해왔어."라고 말해주면 자연스럽게 스트레스가 줄어든다. 그때마다 마음이 조금씩 가벼워진다는 걸 느끼게 될 것이다. 결국 이런 방식으로 자신을 돌보는 게 쌓여서 더 건강하고 행복한 삶의 토대를 만들어준다.

나를 돌보고 가꾸어봐야 비로소 '아이를 잘 키울 수 있는 힘'이 생긴다. 거창할 필요도 없다. 알고 있으면서도 안 해왔던 작은 행동들을 '실제로 해내는 일'이 중요한 것이다. 간단한 스트레칭이나 잠깐의 독서만으로도 시작할 수 있다. 감사 일기를 쓰거나, "나는 이만큼 괜찮은 사람이야."라는 확언을 되뇌는 것도 도움이 된다. 자꾸만 생각을 전환하고 마음을 환기하는 연습을 하면 좋다. 아침에 일어나 거울을 보며 "잘 잤어? 오늘도 잘해보자. 사랑해."라고 나에게 인사를 건네는 건 어떨까. 처음엔 어색해도, 이런 긍정의 말들이 내 안의 허기를 서서히 채워준다. 다른 사람의 인정을 기다리기보다 스스로에게 칭찬과 격려를 퍼부어주는 것이 그 어떤 말보다 큰 힘이 된다. 아무리 주변에서 칭찬해줘도 내가 나를 인정하지 않으면 그건 채워지지 않는다고 믿는다. 나를 돌본다는 의미는 가장 기본은 감정의 곳간을 그득 채워놓는 것이다. 감정의 창고를 비워둔 채 남에게서만 에너지를 끌어오면, 결국 어느 순간 바닥나게 되어 있다.

어릴 적 부모님이나 선생님에게서 받았던 칭찬과 인정, 그때 채워졌던 에너지는 아이를 키우고 다른 사람들과 부대끼며 살면서 조금씩 소진되기 마련이다. 그렇다면 이제는 '내가 나를 채워

     이기적인 엄마가 아이를 잘 키운다

쥐야 할 때'다. 스스로를 토닥이고 보듬어주지 않는다면, 점점 비어가는 내 감정 창고는 언젠가 바닥나서 무너질 수밖에 없다. 허기가 지면 예민해지고, 예민한 상태로는 어떤 것도 제대로 판단하고 행동할 수 없다는 것을 기억해야 된다. 배가 고플 땐 그 어떤 것도 맛있게 느껴진다. 감정적으로도 허기가 지면 잘못된 판단이나 행동으로 이어지기 쉽다. 그래서 우리는 매일 '나를 돌보는 일'에 게을리하지 말아야 한다.

내가 나를 사랑하는 데 서툴다면 조금씩 배워나가면 된다. 육아만큼이나 중요한 게 바로 '내가 건강하고 단단하게 사는 법'을 익히는 것이다. 그렇게 나의 감정 창고를 채우고 나를 돌볼 줄 알게 되면 아이를 향한 내 마음도 더 여유롭고 따뜻해진다. 그리고 그 에너지가 곧 아이에게도 전해지면서 궁극적으로는 엄마와 아이가 함께 행복해지는 길로 이어진다고 믿는다.

양보다 질,
육아 몰입 구간

아이를 키우는 엄마라면 한 번쯤 '아이와 함께하는 시간이 충분한가?', '나는 정말 괜찮은 엄마일까?'라는 고민을 해봤을 것이다. 사실 육아란 단순히 아이 곁에 오래 머무는 것만으로 끝나지 않는다. 아이의 발달 단계에 맞춰 적절히 대응해야 하고, 함께 겪는 수많은 문제와 감정을 다루면서 동시에 내 삶도 균형 있게 챙겨야 하니 참 복잡하고 섬세한 작업인 셈이다. 그래서 대부분의 엄마가 도무지 시간이 부족하다고 느끼기 마련인데, 이상하게도 '시간이 많아지기만 하면' 육아가 더 쉬워지거나 아이가 더 만족하는 건 아니다.

아동발달 전문가들이 공통으로 말하는 사실이 있다. 육아에서 중요한 건 단순히 '시간의 양'이 아니라 '엄마와 아이가 진심으로

   이기적인 엄마가 아이를 잘 키운다

연결되는 질 높은 순간들'이라는 점이다. 하루 종일 붙어 있는다고 해고 아이가 엄마의 관심과 애정을 온전히 느끼지 못한다면 결국 아이는 '엄마가 내 옆에 있긴 하지만 나를 제대로 보지 않는 것 같아.'라는 섭섭함을 느끼게 된다. 반면 그 시간이 짧더라도 정말 집중하고 몰입하는 순간이 있다면 아이는 '나는 소중한 존재'라는 믿음을 쌓게 된다.

그래서 엄마는 자신의 하루 중 '아이에게 온전히 몰입할 수 있는 시간대'를 찾아보는 게 도움이 된다. 맞벌이 가정이 늘어나고 가족 형태도 다양해지는 요즘, 24시간 아이만 보면서 지내기는 사실상 쉽지 않다. 그럴 때 '육아 몰입 구간'을 정하고 그 시간만큼은 아이에게 마음을 100퍼센트 쏟아보자. 아이와 오래 붙어 있는지 아닌지보다는 '주어진 시간 안에서 어떻게 풍성한 교감을 만들어낼까?'에 초점을 맞춰보자.

몰입 육아를 한다고 해서 매 순간 전력을 다해 뛰어놀아야 하는 건 아니다. 간단히 말해, 그 시간만큼은 아이와 눈을 맞추고, 진심으로 대화를 나누며, 아이가 표현하는 감정을 그대로 인정해주는 것이 핵심이다. 한두 마디 공감의 말을 덧붙여주는 것만으로도 아이는 '엄마가 지금 나에게 온 마음을 쏟고 있구나.'라고 느끼게 된다.

나는 아침 7시부터 9시, 그리고 저녁 7시부터 아이가 잠들기 전까지를 육아 몰입 구간으로 정했다. 주말이나 휴일엔 또 조금 달라질 수 있겠지만, 중요한 건 그 시간대에는 아이가 '엄마 아빠와 붙어 있는 시간'으로 인식하도록 집중해준다는 점이다.

"엄마, 우리 같이 숨바꼭질 하자."

"엄마, 나랑 이거 같이 칠하자."

"이 책 좀 읽어주세요."

아이 쪽에서 먼저 무언가를 하자고 하면 그 시간만큼은 기꺼이 함께 놀고, 책을 읽고, 대화를 나눈다. 물론 아이가 원하지 않을때도 있다. 그러면 상황에 따라 자연스럽게 아이의 흐름을 따르되, 중요한 건 '지금은 내가 아이와 하나가 되려고 하는 시간'이라는 인식을 스스로 가지는 것이다. 하루 10분밖에 함께할 수 없는 상황이라도, 그 10분이 진심으로 몰입된 시간이라면 아이가 느끼는 만족감은 상당히 클 수밖에 없다.

이런 몰입 육아가 엄마에게도 많은 위안을 줄 수 있다. 육아는 체력적으로나 감정적으로 많은 에너지가 소모된다. 내가 오늘 제대로 해낸 게 맞는지 불안해질 때도 많다. 그런데 짧아도 아이와 깊이 연결되었다고 느끼는 시간이 하루에 한 번이라도 있다면, 엄마 스스로 '그래, 이 시간만큼은 아이와 충분히 교감했어.'라는 안도감이 생긴다. 그리고 나머지 시간에는 집안일을 처리하거나 자기 계발을 하거나 잠깐의 휴식을 취해도 '그래도 아이와 중요한 교감 시간은 가졌으니 괜찮아.'라는 마음의 여유가 생긴다.

이기적인 엄마가 아이를 잘 키운다

아이의 발달 측면에서도, 짧더라도 진심이 담긴 교감 시간이 훨씬 효과적이다. 아이들은 놀이와 대화를 통해 새로운 아이디어를 떠올리고, 문제 해결의 과정을 배우며, 자신이 가진 능력을 시험해본다. 그 과정에서 엄마가 긍정적으로 반응해주면 아이는 자신이 발견한 방법을 더 확장해보고 싶은 열의를 느끼게 된다. 그렇게 놀이가 깊어지는 과정에서 아이는 나도 뭔가 해낼 수 있다는 자기효능감의 씨앗을 키우게 된다. 물론 현실적으로 엄마가 매 순간 아이 눈을 보며 놀아줄 수는 없다. 중요한 것은 각자의 상황을 고려해 '아이에게 몰입할 시간'과 '나를 위한 시간', '집안일에 집중해야 하는 시간' 등을 나름의 방식으로 나눠보는 것이다.

몰입 시간이 찾아오면 가능한 한 다른 생각은 잠시 내려놓고 아이의 감정과 행동에 집중하자. 비록 그 시간이 길지 않더라도 쌓이고 쌓이면 아이에게는 든든한 애착과 자존감을, 엄마에게는 진정한 보람과 심리적 여유를 선물할 것이다.

'매일 저녁 30분은 TV와 스마트폰을 잠시 멀리 두고 오로지 아이와 대화를 나누겠다'고 정해볼 수 있다. 아이가 그림 그리기를 좋아하면 종이와 색연필을 함께 펴놓고 아이가 무슨 색을 고르는지, 어떤 형상을 그리고 싶은지 차분히 물어보자. 아이에게 "이 색은 왜 고른 거야?", "이건 어떤 모양이야?" 하고 묻고, 아이가 말할 때 눈을 맞추고 함께 웃어준다. 그뿐인데도 아이는 엄마가 내 이야기를 잘 들어주고 있다고 느끼며 훨씬 안정감 있게 놀이를 이어간다. 그러다 놀이가 끝나고 아이가 "오늘 정말 재밌었어!"라고 말해준다면, 그게 바로 우리가 바라는 '몰입 육아 구간'의 성과다.

반면 아이와 한 공간에 오래 머무르더라도 서로에게 집중하지 못하면 그저 피로만 쌓인다. 엄마는 '시간은 많이 들였는데 왜 불안하지?' 자책하고, 아이는 '엄마가 항상 옆에 있지만 나를 진짜로 봐주진 않아.'라며 결핍감을 느낄 수 있다. 이는 서로에게 바람직하지 못한 결과다.

결국 육아 몰입 구간은 마치 한 편의 영화에서 짧아도 강렬하게 시선을 사로잡는 '신스틸러' 같은 개념일 수 있다. 전체 시간이 길지 않아도, 엄마와 아이가 함께 빛나는 장면을 만들어내는 것. 그 짧은 장면의 임팩트가 오랫동안 기억에 남고, 엄마와 아이 사이의 애착과 믿음을 단단하게 해준다.

사랑을 표현하는 것도 마찬가지다. 개그우먼 이영자는 자식에게 반드시 사랑을 표현해줘야 한다며 자신의 어린 시절의 경험을 방송에서 이야기하는 것을 본 적이 있다. 아버지가 그녀에게 단 한 번도 사랑을 표현한 적이 없고, 엄마조차 아버지의 사랑을 해석해 준 적이 없다고 했다. 그로 인해 자신이 느낀 공허함과 외로움에 대해 토로하는 내용이었다. 그것이 성인 되어서도 영향을 받는다고 말했다. 사랑한다는 말을, 애정 표현을 아이에게 끊임없이 전해줘야 하는 이유라고 본다.

"사랑해. 고마워. 소중해." 같은 말에 감정이 담기지 않으면 아이 마음에 스며들지 않는다. 말 한 번이라도 진심을 담아 전해줘야 아이는 '아, 엄마 아빠가 나를 정말로 사랑하는구나.'라고 느낀다. 아이를 키워내는 오랜 시간 동안 공부를 가르치는 것보다 중요한 것은 세상을 이기는 힘이 생기도록 사랑을 전해주는 것이라 생각한다. 엄마는 아이가 세상으로 나가서 스스로 살아가는 힘을 축적할 수 있게 만들어줘야 한다. 그 사랑을 얻어야 아이가 세상으로 나아가 그 사랑을 나눌 수 있다. 받은 것이 없으면 나눠주고 싶어도 줄 것이 없고, 주는 방법을 모를 수밖에 없다.

육아는 말 그대로 '양보다 질'이라는 말이 잘 어울린다. 많은 시간을 들이는 게 어려운 상황이라면 각자에게 주어진 시간을 몰입 구간으로 착즙하듯 '진하게' 쓰면 된다. 10분이라도 아이와 진하게 교감하면 서로가 느끼는 만족감은 놀랄 만큼 크다. '내가 오늘 아이와 교감한 시간이 몇 시간이나 되지?'보다 '내가 오늘 아이와 교감한 그 순간에는 얼마나 서로에게 몰입했나?'에 초점을 맞춰보자. 그렇게 작은 변화부터 시작하면 아이의 눈빛이 한층 반짝이고, 엄마의 마음도 훨씬 가벼워질 것이다. 이 몰입의 순간들이 쌓여갈수록 더 행복하고, 아이와 엄마가 함께 성장하는 길이 열릴 것이다.

성공이 아닌 성장을
추구하는 자세

아이의 성공을 바라는 마음은 대부분의 엄마가 공감할 것이다. 좋은 성적, 명문대 입학, 안정된 직장과 사회적 지위를 목표로 삼아 아이를 이끌어가는 모습을 어렵지 않게 볼 수 있다. 그런데 과연 이런 '성공 중심'의 육아가 아이에게 진정한 행복을 가져다줄까? 최근 심리학과 교육학 연구들은 오히려 '성장 중심'의 육아가 아이의 정서적 안정과 장기적 행복에 더 긍정적인 영향을 미친다고 말한다. 아이의 스스로 성장할 힘을 길러주는 게 진정 엄마가 해줄 수 있는 중요한 역할이라는 것이다.

엄마가 이 차이를 인정하고 존중하는 건 육아에서 굉장히 중요한 태도다. 사실 엄마들은 이미 '아이를 잘 키우는 방법'에 대해 꽤 많이 알고 있다. 문제는 아는 걸 실제로 실천하기가 쉽지 않다는 데 있다. 간혹 '아이에게 잘해주고 싶다'는 마음이 너무 앞서서 아이 앞에서 이끌어가려고만 하는 경우가 있다. 하지만 아이가 어릴 때는 호기심을 느끼는 것을 함께 관찰하고 공감해주기만 해도 충분하다. 아이의 뒤를 따라가면서 응원하고 격려해주면 된다.

아이들에게 성공을 목표로 달리는 인생을 가르치지 말아야 한다. 많은 부모가 아이들에게 "넌 커서 뭐가 되고 싶어?"라며 꿈에 대해, 미래에 대해 묻곤 한다. 우리도 자라면서 지겹게 받았던 질문이기도 하다. 그때마다 "나는 의사가 될 거야!". "나는 대통령이 될래!" 하고 스스로 꿈을 이야기한다. 또 "훌륭한 선생님이 되어라.", "공무원이 최고야. 넌 그냥 공무원 해."라고 부모들이 꿈을 정해주기도 한다. 이렇게 아이들은 명사로 단정 지어 대답하고, 부모들은 명사형으로 꿈을 던져준다.

아이가 자기 의지나 내적 동기를 가지고 성장의 과정을 즐길 수 있도록 안내해주는 게 부모의 역할이다. 의사가 되고 싶다는 아이에게 단순히 "그래. 그럼 공부 열심히 해야 돼."라고 답하지 말자. "네가 무슨 의사야? 꿈이 너무 크다."라는 식으로 상처를 줘서도 안 된다. 성공이 무엇인지 개념이 잡히지 않은 상태의 어린 아이들에게 부모들이 앞장서서 성공을 목표로 삼는 것을 가르치지 않도록 주의를 기울여야 한다. 부담감을 주고, 목표를 이루지 못하면 불행한 거라고 느끼게 해서는 안 된다는 것을 엄마들이 먼저 알 필요가 있다. 그렇지 않으면 '4세 고시'나 '7세 고시'처럼 과

열된 교육 문화에 아이와 엄마 모두 휩쓸리기 십상이다.

아이에게 재능을 찾아주겠다며 이것저것 시켜보는 엄마들도 많다. 그러나 여기서 중요한 것은 아이가 스스로 흥미를 느끼고 몰입하도록 존중해주는 태도다. 너무 일찍부터 여러 가지를 과하게 가르치고 있는 건 아닌지도 돌아볼 필요가 있다. 새로운 것을 시켜봤다면 아이의 반응을 잘 살펴보고 아이의 의견을 존중해주어야 한다. 한 가지를 하더라도 아이가 좋아하는 것을 스스로 찾고 깊게 파고들 수 있도록 도와주는 것이 좋다. 장거리 마라톤을 뛸 아이에게 100미터 달리기 기술만 잔뜩 주입하는 건 아닌지 살펴보자는 말이다.

미국 경영학자 로버트 J. 맥케이브(Robert J. McKain)는 '과정이 곧 보상'이라고 강조했다. 성공만을 좇을 때는 오히려 실패를 겪었을 때 좌절감이 커진다. 한 번 성공에 안주해 더 큰 도전을 막는 문제도 생긴다. 반면 '성장 중심'으로 살아가는 사람은 실패를 자연스러운 학습 과정으로 받아들이고, 시행착오를 통해 더 발전해나간다. 자연스레 자신감이 높아진다. 성장과 발전에 초점을 맞추면서 자신의 역량과 능력을 강화해가는 효과를 보게 된다. 결국 이들은 자기효능감이 높고, 새로운 시도에도 두려움이 적다.

육아도 마찬가지다. 성공시키는 것이 목표가 되면 단기적인 목표에 치중하게 된다. 이러한 태도는 더 큰 성장과 성공을 이루는 것에 방해가 되기도 한다. 어떻게 하면 아이가 도전에 긍정적으

로 반응하고 스스로 배움을 즐기는 아이로 자랄 수 있을지를 고민
하는 것이 결국 아이에게도 더욱 커다란 행복과 성취로 이어질 수
있다.

성공 중심 육아의 문제점 3가지
1. 외부 기준에 맞춘 가치관 형성
아이가 자신의 내면적 가치보다 '성적, 대학, 직업' 같은 남이
정한 기준으로 삶을 평가하게 된다.

2. 실패에 대한 두려움 증가
성공만이 목표가 되면 실패를 용납하기 어려워지고, 아이는 도
전 자체를 회피하게 된다.

3. 내적 동기 대신 외적 동기에 의존
보상과 처벌 중심의 학습은 장기적으로 자기 주도성을 떨어뜨
리고, 엄마의 기대에만 맞추려는 태도를 형성한다.

'성공' 중심의 육아를 하게 되면 이런 문제점을 초래할 수 있다.
반대로 '성장'에 집중하는 육아는 아이를 평생 학습자로 키우고,
스스로 문제 해결할 힘을 갖도록 돕는다. 이런 아이들은 배움과
도전을 즐길 줄 알고, 실패마저도 발전의 기회로 삼을 줄 안다. 그

렇다면 엄마가 어떻게 '성장 중심 육아'를 실천할 수 있을까?

성장 중심 육아를 실천하는 방법 4가지

1. 성장 사고방식(Growth Mindset) 키우기

실수나 실패에 대해 "그건 성장의 일부야."라고 긍정적으로 말해주자. 아이가 포기하려고 할 때 한 번 더 시도해보자고 격려해줄 수도 있다.

2.결과보다 과정에 집중하기

시험 점수보다 학습 과정과 노력을 칭찬해주자. 아이가 목표를 이루었다면 "그 과정에서 뭘 배웠어?"라고 질문하며 스스로 생각해보도록 유도할 수 있다. 성취보다는 경험 자체의 의미를 부각하면, 이후에 아이가 실패를 겪더라도 그 과정에서 성취감을 찾을 수 있다.

3. 자기 주도성 키우기

공부 계획을 짜거나 취미를 선택할 때 아이가 스스로 결정할 기회를 주자. 아이가 어려운 문제를 풀 때 바로 도와주지 않고 최대한 혼자 고민해보도록 기다려주자.

4. 다양한 경험을 통한 성장의 기회 제공하기

아이들이 친구와 단순한 놀이를 해도 이기고 지는 것에 진심인 걸 자주 본다. 한번 졌다고 느끼면 울상이 되고, 놀이가 싸움으로 바뀌기도 한다. 이렇게 어린아이들조차 이미 '성공과 실패'의 개념을 갖고 있는 걸 느낄 때면, 엄마가 어떤 태도를 보이느냐에 따라 이 아이가 '성장을 즐기는 아이'가 될지, '성공만 좇는 아이'가 될지가 달라진다는 걸 알 수 있다.

인생에는 성공과 실패가 있다고들 하지만, 방송인 강호동이 한때 말했던 것처럼 사실 인생에는 '성공과 과정만이 있을 뿐'이다. 대학에 떨어지면 정말 실패한 인생일까? 취업이 안 된다고 해서 인생이 망한 걸까? 아이가 어릴수록 이런 질문은 더 중요해진다. 엄마가 "실패 없는 삶이 최고야!"라고 몰아가기보다 모든 과정에서 배우고 더 나아질 수 있다는 메시지를 심어주는 게 필요하다. 사회와 교육이 아이들에게 이미 충분한 압박을 주고 있는 상황에서, 엄마만큼은 성공만이 답인 듯 아이를 이끌지 않도록 주의해야 한다.

아이에게 필요한 것은 자신의 속도에 맞춰 나아갈 수 있는 환경과, 실패와 성공을 아우르며 배우는 태도를 키워주는 일이다.

엄마가 아이에게 줄 수 있는 가장 큰 선물은 '성장은 끝이 없고, 도전은 언제나 즐거운 것'이라는 믿음을 심어주는 것일지도 모른다. 적어도 이 글을 읽고 있는 엄마들은 사랑하는 우리 아이들에게 성공이 아닌 성장을 추구하는 자세를 아이들에게 가르쳐준다면 좋겠다.

이기적인 엄마가 아이를 잘 키운다

엄마가 스스로에게 던져야 할 질문들

세상에 당연한 것은 없다. 모든 것에는 이유가 있기 마련이다. 그런데 우리는 살면서 접하는 많은 것들에 대해 크게 궁금해하지 않고, 알려고 들지 않는다. 호기심이 많고 질문이 많은 사람을 도리어 불편하게 느낄 때도 있다. 유아기 아이들은 세상의 모든 것이 궁금한 것투성이라 하루에도 수십 번씩 '왜?'라는 질문을 엄마에게 던진다. 우리 첫째와 둘째도 예외 없이 '왜?'를 무한 반복하며 나의 뇌를 활성화시켜주던 때가 있었다. 아이들이 던지는 질문에 정성껏 답을 해주고 그 질문들이 계속 이어지다 보면 아이들의 사고 영역이 넓어지는 기분이 든다. 꼬리에 꼬리를 무는 질문이 뇌 발달에 영향을 주는 것이다.

그런데 아이들이 성장 과정에서 주입식 교육에 익숙해질수록 사물과 현상을 당연시하게 되고, 자연스레 호기심도 줄어든다. 그 결과 자신의 행동마저 의식하며 반복된 틀 안에서 움직이게 되고, 자기 삶에서조차 '왜?'라는 질문이 사라져버린다.

그럴수록 일상의 작은 것부터 다시 질문하는 습관이 중요해진다. 질문하는 경험이 쌓이면 아이의 생각 주머니가 커지고, 토의·토론 능력 또한 자연스럽게 자라난다. 스스로 어떤 행동을 한 이유를 스스로 되돌아보는 것은 '의식적인 자기 인식'을 키우는 과정과 맞닿아 있다. '의식적인 자기 인식'은 삶을 더욱 성장하게 만드는 중요한 역할을 한다. 스스로 강점을 발견하고 발전시키는 계기가 된다. 또 자신의 생각과 감정을 돌아볼 기회가 되니 자기조절 능력까지 높여준다. 엄마들의 경우 아이들과의 관계를 비롯해 주변 인간관계를 풀어나가는 데도 큰 도움이 된다. 자신의 결정 과정을 분석하고 개선하는 것에도 도움을 받을 수 있다. 이런 자기 인식 행동은 미래에는 더 나은 결정을 내리고, 더 나은 삶을 살 수 있게 만든다. 이러한 이유 때문에, 스스로 어떤 행동을 한 이유를 되묻는 것은 매우 중요하다고 할 수밖에 없다.

그런데 엄마들이 육아에 있어서 자기 인식이 부족한 경우가 많다. 학습된 대로 하거나 사람들이 다 하니까 나도 그대로 따라가는 식이다. 사실 '왜?'라는 물음은 궁금함을 느끼는 것, 즉 호기심을 가지는 것에서 시작된다. 호기심은 우리의 삶을 한층 풍요롭게 만든다. 문제 해결력을 높여주고, 새로운 경험과 학습 기회를 찾

   이기적인 엄마가 아이를 잘 키운다

아내게 돕고, 인간관계에도 더 열린 태도로 임하도록 한다. 실제로 '왜?'라는 질문을 하는 습관이 인간의 삶과 뇌 발달에 긍정적인 영향을 미친다는 것은 수많은 연구 결과가 보여준다. 미국 노스웨스턴대학 연구팀은 아이가 "왜?"라고 물어보고 답하는 과정이 뇌 발달을 촉진한다는 사실을 밝혔다. 미국 플로리다대학 연구팀 역시 생각과 경험에 대해 질문을 반복하는 것이 창의력을 높이는 데 도움이 된다고 발표했다. 이런 연구들은 "왜?"라는 질문을 습관적으로 던지고 답하는 일이 뇌 발달과 창의성 향상에 기여함은 물론, 궁극적으로 삶의 질까지 높여준다고 말한다.

호기심을 갖는 것만으로도 다양한 긍정 효과를 누릴 수 있다는 사실은 많은 학자들이 입증해왔다. 영국 카디프대학 심리학부 마티아스 그루버(Matthias J. Gruber) 박사와 미국 캘리포니아대학 데이비스캠퍼스의 심리학·신경과학과 차란 랑가나스(Charan Ranganath) 박사는 2019년에 발표한 논문 「호기심이 해마 의존 기억력을 향상시키는 방법」에서 호기심과 탐구심을 자극하는 환경이 학습자의 뇌를 보다 적극적으로 작동하게 만들어, 특히 해마를 중심으로 한 기억 형성 과정이 강화된다고 밝혔다. 또한 버지니아대학과 카네기 멜론대학 연구자들은 질문하기와 호기심이 사회성과 감정 지능을 높인다는 점을 강조하며, 이를 통해 학습과 창의성 증진도 도모할 수 있다고 주장했다.

이처럼 우리는 당연하다고 여겨온 것들에도 질문을 던질 필요가 있다. 엄마라는 역할 역시 결코 당연한 것이 아니다. 한 여성으로서 살아가는 나 자신의 삶에서도, 왜 그런 생각을 했고 왜 그런 선택과 행동을 했는지 충분히 되묻는 과정이 필요하다. 버지니아대학의 제이미 지루트(Jamie Jirout) 교수와 카네기멜론대학의 데이비드 클라르(David Klahr) 교수 역시 관련 연구를 통해, 살아가며 궁금해하고 그 이유를 확인하는 과정 자체가 중요한 의미를 지닌다고 말한다. '왜?'라는 질문을 던지는 것만으로도 우리는 많은 것을 배우고 확장할 수 있다. 엄마의 역할에서도, 엄마이자 한 여성의 삶에서도 당연한 것은 없다. 스스로에게 일어나는 모든 일에 호기심을 갖고 질문을 던져보는 태도가 필요하다.

"나는 왜 이렇게 생각했지?"

"나는 왜 이때 이렇게 행동했을까?"

"내가 이 문제를 해결하려면 어떻게 하면 좋을까?"

"내가 그때 왜 그런 말을 했던 걸까?"

"우리 아이는 그때 왜 나에게 그런 말을 했을까?"

"내가 왜 그걸 불편하게 느꼈을까?"

이런 질문을 던지면서 의식적인 자기 인식의 과정을 밟으면, 자연스럽게 자기관리와 개인적인 성장까지 경험하게 된다.

육아는 아이를 돌보는 것만이 아니라 엄마와 아이가 함께 성장하는 과정이다. 하지만 많은 엄마들이 이를 '해야 할 일' 정도로만 여기고, 자기성찰 없이 하루하루를 바쁘게 보낸다. 반면 호기심과

 이기적인 엄마가 아이를 잘 키운다

자기 인식이 있는 육아는 엄마와 아이 모두에게 더 건강하고 만족스러운 경험을 선물해준다. 엄마가 호기심을 가지면 아이를 더 깊이 이해하게 된다. 아이의 행동과 감정에 대해 "왜?"라고 물으며, '지금 아이가 원하는 건 뭘까? 지금 무슨 감정을 표현하려고 하는 걸까?' 생각해볼 수 있으니 말이다. 그러면 해결책을 찾기가 훨씬 수월해진다. 또한 한 가지 방법에 갇히지 않고 다양한 육아 방식을 고려해보도록 만든다.

아이가 책을 싫어할 때도 "왜 책을 싫어할까?"라는 물음에서 시작하면, 소리 내어 읽어주기나 놀이처럼 접근하기, 오디오북 활용하기와 같은 다양한 방법을 시도해볼 수 있다. 엄마 아빠가 호기심 가득한 태도로 세상을 살피면 아이도 자연스레 호기심 많은 아이로 자란다.

"이 꽃은 왜 이렇게 생겼을까?"

"이 요리는 어떤 재료로 만들어졌을까?"

"오늘 하늘이 이렇게 붉은 이유는 뭘까?"

이런 사소해 보이는 질문을 엄마가 즐겁게 탐구하는 모습을 보이면, 아이도 세상을 궁금해하고 배우려고 하는 태도를 흡수한다.

자기 인식(Self-awareness)은 육아에서 감정 조절에도 큰 도움이 된다. 자신이 왜 화가 나는지, 피곤함 때문인지, 혹은 다른 이유가 있는지 인식하면 아이에게 감정적으로 폭발하기보다 좀 더 이

성적으로 대처할 수 있다. 아이가 밥을 안 먹을 때 "또 말을 안 듣네!"라고 소리치기보다 "지금 내가 왜 화가 나지? 배고프고 피곤해서 그런가?"라고 스스로 묻고 차분히 행동할 수 있게 된다. 또한 자기 인식을 통해 자신의 가치관을 점검하고 외부의 육아 조언에 휩쓸리지 않고 일관성 있는 육아 철학을 세울 수 있다.

'나는 어떤 엄마가 되고 싶은가?'

'내가 중요하게 생각하는 교육 방식은 무엇인가?'

이런 질문을 스스로에게 던지면 남들이 '조기교육이 필수'라고 해도, 내가 아이의 자유로운 성장을 우선시한다면 선택을 달리할 수 있다. 또한 과거 내가 받았던 사랑이나 트라우마가 있는 경우라 해도 '나는 어린 시절 부모님께 어떤 사랑을 받았고, 그 영향을 어떻게 받고 있을까?'라는 질문을 통해 현재 내 아이의 양육 방식에 미치는 영향을 성찰하게 되면, 더 건강한 엄마가 될 수 있다.

아이의 호기심과 자기 인식을 높이는 방법 3가지
1.엄마가 스스로에게 질문하는 습관 들이기
내 아이는 어떤 기질인지, 나는 어떤 엄마가 되고 싶은지, 나는 지금 감정을 어떻게 조절할 수 있을지 스스로에게 매일 질문해보자. 이런 질문과 고민을 기록해두는 것도 좋은 방법이다.

2. 내 아이에게 맞는 다양한 육아 방식 탐색하기

  이기적인 엄마가 아이를 잘 키운다

한 가지 방식에만 집착하지 말고 여러 방식을 시도해보자. 책, 강연, 영상 등을 통해 언제 어디서든 새로운 육아 철학을 접하기 쉬운 환경이다. 그것들을 활용하여 내 아이에게 잘 맞는 육아 방식을 찾아보자.

3. 감정 다스리는 연습하기
감정이 격해질 때 10초간 멈추어 차분히 생각해보자. 아이에게 큰소리를 내는 대신 솔직히 기분을 전하되 아이를 존중하는 방식으로 부정적인 감정을 조절하고 표현해보자. 엄마가 자신의 감정을 파악하고 다스리는 것을 먼저 연습하면서 아이가 실수했을 때 "또 그러면 안 돼." 대신 "지금 기분이 어때?"라고 물으며 감정을 탐색해보록 유도할 수 있다.

결국 호기심과 자기 인식은 육아를 보다 건강하고 의미 있는 과정으로 이끈다. 육아는 아이만이 아니라 엄마 역시 배우고 성장하는 여정이기에, "왜?"라는 질문을 던지고 스스로를 성찰하는 태도는 육아 방식을 한층 유연하고 깊이 있게 만든다. 그 변화는 아이와의 관계를 더욱 건강하게 하고, 엄마가 더 현명한 선택을 하도록 돕는다.

단순히 육아 기술을 익히는 데 그치지 말고, 엄마인 내가 호기심을 품고 자신을 탐구해보는 태도를 가져보자. 그것이야말로 아

이도, 엄마 자신도 더욱 단단하게 성장할 수 있는 지름길이 될 것
이다.

4장

엄마와 아이 모두가
행복한 세상으로 가자

육아 졸업 시기는
스스로 정하라

아이들이 자라 초등학교와 중학교를 거쳐 고등학교를 졸업하기까지 몇 년이 걸리는지 모르는 사람은 없다. 그와 마찬가지로 육아를 시작할 때도 '육아 졸업'을 언제 할 것인가에 대한 계획과 목표를 설정해야 한다. 본격적인 육아에 돌입하기 이전부터 자신의 육아 졸업 시기를 선언해야 한다.

아이가 태어나는 순간부터 100일, 돌, 엄마와 경쟁하려는 네 살, 엄마를 이기고 싶어하는 일곱 살을 거치며 그야말로 깔딱고개를 맞이하는 순간의 연속이다. 거기서 끝이 아니다. 아이가 처음 학교에 입학하는 시점부터는 엄마들의 희생은 더 커질 수밖에 없다. 이른 사춘기에 접어드는 초등학교 3학년 시기를 거쳐 시시각각 달라지는 아이를 키우다 보면 그야말로 엄마 자신을 갈아 넣는 육아를 하게 된다.

아이의 성장 시기에 따라 중요하지 않은 순간이란 없다. 그 모든 순간을 다 채워주는 것에 집중하다 보면 엄마가 아닌 한 개인으로서의 나는 점점 사라지고, 시간이 흘러 어느 날 문득 거울을 바라보면 너무도 낯선 여인이 내 앞에 서 있는 경험을 하게 된다. 내 인생인데 다른 존재를 위해 사느라 나를 키우고 돌볼 여유가 없이 살아가기 바쁜 인생으로 흘러왔다는 생각에 공허함과 원망이 찾아오기도 한다. 그러니 애초에 아이가 태어난 그 순간부터 나의 육아 로드맵을 가동해야 한다는 이야기다.

만약 자녀의 자녀를 양육하는 조부모의 경우라면 어떨까? 황혼육아라면 더더욱 '언제쯤 육아 졸업을 할 수 있을까?' 하는 생각을 할 수밖에 없을 것이다. 실제로 황혼육아를 하고 있는 분들은 손자, 손녀가 너무 예쁘고 사랑스럽지만 육아로 지쳐갈 때는 끝이 없는 길을 걷고 있는 것 같다고 말하기도 한다.

"내가 미쳤지. 이걸 왜 한다고 해서는 이 고생일까?"

스스로를 탓하기도 하며 이제 그만 육아를 졸업하고 싶은 마음도 든다고 말하는 조부모들의 모습에 당연한 일이라 생각했다. 체력적으로 육아를 감당하기에 무리가 따를 수밖에 없기에 그렇다.

KBS 〈오케이? 오케이!〉에서 황혼육아의 고충을 토로하는 조부모들에게 오은영 박사는, 육아에서는 부모가 중심이기에 조부모가 그 자리를 대신해주고 있다고 해도 보조적인 역할 정도의 책임

　이기적인 엄마가 아이를 잘 키운다

감을 가지고 도와주라고 조언했다. 말 그대로 과한 책임감과 부담 감을 내려놓고 한 발 뺄 줄 아는 마음을 가지라는 이야기였다. 나아가 요구하는 것을 다 해주다 보면 어느 순간 당연히 여기게 되는 것이 사람의 마음이기에 조부모는 '출퇴근'을 하며 휴일과 휴식이 보장된 상태로 보수를 지급받고 육아를 해야 한다고 했다.

어떤 일에서든 시작과 끝이 존재한다. 온 마음을 다해 정성과 노력을 기울이는 일이라면 마무리를 잘 매듭짓고 싶을 것이다. 그러니 더더욱 끝나는 시점을 알고 준비해야 한다. 아이가 태어나는 순간부터 끝이 없이 펼쳐진 것만 같이 아득해 보인다. 긴 여정이 될 것만 같은 양육의 길에서 방향을 잃지 않고 잘 걸어가기 위해서는 계획을 잘 세워야 한다. 내가 직접 주 양육자의 자리에서 육아를 하든, 부모님의 도움을 받든 상관없이 육아 졸업 시기를 결정해놓고 육아를 하자. 세상 어디에도 당연한 것은 없다. 아이를 키우는 일이 내 몫이라 하더라도 그 과정에서 나라는 존재가 지워진 채 역할만 남는다면 결코 건강한 육아를 할 수가 없다. 그리고 부모님이 나의 아이들을 돌봐주는 것이 당연한 일이 아니라는 것 또한 반드시 명심해야 한다.

"너희들이 이제 다 컸으니 이제는 엄마가 좀 커야겠다."

사회학자이자 가수 이적의 어머니이기도 한 박혜란 이사장이 과거에 자신의 경력 단절의 종지부를 찍고자 세 아이에게 전했던 말이다. 한 방송에 나와 아이들이 초등학교를 들어간 후에는 자신을 위해 공부를 시작했었다고 이야기했는데 나의 마음 역시 박혜란 이사장의 마음과 같았다. 이건 모든 엄마들의 마음 한구석에 자리 잡고 있을 꿈이 아닐까 싶다. 커리어를 희생당할 수밖에 없는 사회구조적 문제들이 존재하기 때문이다.

아이들을 키우느라 자신이 크지 못하고 있다는 것에 답답함을 느끼는 사람들이 주변 지인들만 보더라도 상당히 많다. 일하는 엄마라면 자신의 복직을 놓고 수없이 고민하는 일이 허다하다. 매일 퇴사를 고민하는 워킹맘들, 매일 아침 아이들과 눈물 바람으로 이별하는 엄마들의 고충이 바로 그런 것이다. 일을 하지 않고 육아만 하면서 나의 삶에 나를 위한 시간은 없는 것만 같다는 느낌이 강해지면 우울감을 일으켜 삶의 전반에 부정적인 영향을 미치기도 한다.

『육아는 그만 졸업합니다』라는 가키야 미우의 소설을 읽었을 때 대리만족을 느꼈던 경험이 있다.

     이기적인 엄마가 아이를 잘 키운다

아이의 입시와 취업 그다음 결혼까지 아이의 인생에서 끝이 없는 엄마의 인생에 지친다. 노후 준비도 하지 못했는데 육아는 언제 끝이 날지 아득하다. 육아 초보였던 시절, 이런 인생에서 벗어나 자신의 인생을 살아간 가키야 미우가 그려낸 소설을 읽으며 많은 생각이 들었다. 그때 상상했다.

'나의 육아 졸업은 언제가 될까?'

육아에 전념한 채 자신을 돌보지 않는 것은 엄마가 스스로 선택한 것이다. 물론 육아만으로도 시간이 빠듯하고 정신없이 하루가 훌쩍 지나가버리는 게 현실인 것도 사실이다. 하지만 시간이 없다고 해야 할 일을 안 하고 넘기는 사람은 없다. 꼭 필요하다 여겨지는 일이라면 어떻게든 시간을 내서 처리하거나 다른 일정을 조정해서라도 반드시 한다. 육아하는 주 양육자라면 아이를 잘 키우는 것이 가장 중요한 일인 것은 분명하다.

그러나 육아의 끝이 언제인지 고민하는 과정 없이 무작정 열심히만 하는 것은 현명한 방법이라 볼 수 없다. 육아의 궁극적 목표는 아이의 건강한 독립이라고 했다. 아이들이 자신의 삶을 개척하고 책임지며 살아갈 수 있도록 만들어주는 것이 육아라면 그 목표를 이루는 지점이 도착점이다. 육아 졸업 시기를 결정해야 하는 이유는 엄마인 자신을 위한 투자인 동시에 독립된 엄마의 모습, 엄마의 존재가치가 자녀에게 미치는 영향을 기대하는 부분도 있기 때문이다.

여성학자 박혜란이 그랬듯이 육아 졸업 시기를 결정하고 가족들에게 선언할 필요가 있다. 그 선언에 더불어 자신의 인생을 놓고 버킷리스트와 위시리스트가 갖춰져야 흔들리지 않고 나아갈 수 있다. 모든 계획이 완벽할 수는 없다. 실행 과정에서 수정하고 보완하며 완성해나가는 것이다. 육아의 졸업 시기를 정해두었더라도 상황에 따라 조정이 필요할 수 있다. 그럼에도 분명히 기억해야 할 점은 목표와 기한 없이 이어지는 육아는 지양해야 한다는 것이다.

하루 24시간은 누구에게나 똑같이 주어지지만 그 시간을 살아가는 방식은 사람마다 다르다. 그렇기에 같은 육아를 하고 있어도 그 모습과 결과는 서로 다를 수밖에 없다. 불공평한 환경이 만들어내는 조건의 차이는 개인이 바꾸기 어렵지만, 모두에게 공평하게 주어진 시간을 어떻게 선택하고 채워갈지는 각자의 몫이다. 엄마와 아이가 조화로운 삶을 살아갈 방법을 찾아야 한다.

취업 준비생이 생애 첫 직장에 입사하게 된다면 그냥 단순히 기쁜 마음 하나만 가지고 매일 마주하는 출근길의 지옥철을 뚫고 출근하지는 않을 것이다. 엄마들 또한 육아에 있어 직장인의 마음으로 매일을 계획하고 개인으로서 존재감이 살아 있는 육아를 해야 한다. 내가 아이에게서 졸업하지 못한 상태로 만년 고시생마냥 '평생 육아 모드'를 장착한 채로 지낸다면 아이는 결코 건강한 독립을 이룰 수 없다. 엄마의 삶이 없어지는 것은 물론이고 아이의 미래도 그리 좋은 결과를 기대해볼 수 없어진다는 것을 기억했으면 한다.

가수 이적은 자신의 어머니가 어느 순간 육아에서 거리를 두고 자신의 일에 몰두하게 되었을 당시 엄마를 믿고 있다가는 안 될 것 같은 생각이 들어 스스로 공부하기 시작했다고 말했다. 독립적인 주체로 살아가는 엄마가 되어야 하는 이유를 여기서 느낄 수 있다. 엄마의 건강한 독립이 아이의 주체성을 키워주는 효과도 기대해볼 수 있다. 엄마가 항상 곁에서 밀착 육아를 하지 않아야 아이가 주체성을 발휘하여 스스로 살아가는 지혜를 얻게 될 것이다.

'좋은 엄마' 프레임에서
벗어나라

아이를 낳고 엄마가 된 순간부터 우리는 끊임없이 '좋은 엄마'가 되어야 한다는 압박을 받는다. 아기가 태어나 집으로 돌아오면서부터 본격적인 육아가 시작되지만 아무도 육아를 어떻게 해야 하는지 친절하게 알려주지는 않는다. 대신 사회가 만들어놓은 '좋은 엄마'라는 기준에 맞추기 위해 애쓰게 될 뿐이다. 아이가 잘 먹고, 잘 자고, 건강하게 잘 자라도록 힘쓰는 것, 아이에게 최고의 교육을 찾아 제공해주는 것, 혹은 엄마가 희생하고 헌신하는 것만이 '좋은 엄마'의 전부일까?

우리는 자라면서 "이런 엄마가 좋은 엄마다."라는 말을 수도 없이 들어왔다. 하지만 그 기준은 시대와 문화, 가정 환경에 따라 달라진다. '좋은 엄마'라는 기준 자체가 고정된 것이 아니라는 뜻이

     이기적인 엄마가 아이를 잘 키운다

다. 그럼에도 많은 엄마들이 자신을 희생하며 모든 걸 아이에게 맞춰야 한다는 강박을 느끼고, 조금만 흔들려도 뒤처지는 것 같아 불안함에 사로잡힌다. 세상에 완벽한 엄마는 존재하지 않는다. 그리고 완벽할 필요도 없다. 완벽한 엄마가 되려는 강박은 육아를 힘들게 만들 뿐이다.

부지런히 이유식을 만들고, 아이 발달 단계에 맞춰 놀이를 시키며, 매 순간 공감하려 애써도, 실제 생활에서는 계획처럼 되지 않는 일이 더 많다. 아이가 밥을 잘 먹지 않아 속상하고, 밤낮 바뀐 생활에 육체적으로도 정신적으로도 지쳐버린다. 주변에선 다들 육아를 훌륭히 해내는 것처럼 보이는데 나만 부족한 엄마 같아 마음이 무거워진다.

육아의 가장 큰 스트레스 중 하나는 '완벽한 엄마가 되어야 한다'는 압박감이다. 그러나 심리학자 도널드 위니컷은 '충분히 좋은 엄마'가 오히려 아이에게 더 건강한 환경을 제공한다고 했다. 완벽한 엄마가 되려고 애쓰기보다 엄마도 실수할 수 있음을 인정하고 아이 또한 생활에서 좌절과 실패를 조금씩 경험할 수 있게 해주는 것이 중요하다는 의미다. 엄마가 지치고 힘들어지면 육아는 더 괴롭고 어려워진다. 결국 '나는 충분히 좋은 엄마'라는 사실을 스스로 받아들이고, 완벽한 엄마를 향한 강박에서 벗어나는 것이 필요하다.

'좋은 엄마'의 기준을 사회가 아닌 나 스스로 정해야 한다. SNS

나 주변 사람들로부터 "엄마가 직접 모든 걸 해줘야 아이가 정서적으로 안정된대.", "이제 곧 영어교육도 시작해야지." 같은 말들을 듣고 있으면, 그것을 따르지 않으면 안 될 것처럼 불안해진다. 그러나 그 기준은 내가 정한 것이 아니라 사회가 혹은 다른 사람들이 정한 것이다.

육아에서 중요한 것은 내 삶과 아이의 특성에 맞는 나만의 육아 원칙을 세우는 것이다. 어떤 엄마는 아이와 보내는 시간이 가장 우선일 수 있고, 또 어떤 엄마는 아이를 독립적으로 키우는 것을 이상으로 삼을 수도 있다. 혹은 엄마가 자기 생활을 유지하면서 아이와의 균형을 맞추는 걸 중요하게 여길 수도 있다. 즉, 우리는 저마다 다른 환경과 가치관을 가지고 있기 때문에 좋은 엄마의 기준도 절대 같을 수 없다.

아이가 생기면 '아이를 위해'라는 말이 자연스럽게 따라온다. 이 과정에서 엄마 자신을 돌보는 건 뒷전으로 밀려나기 쉽다. 그런데 엄마가 불행하면 아이도 결코 온전히 행복하기 어렵다. 하버드대학의 한 연구에 따르면, 엄마의 정서 상태가 아이의 사회성 발달과 감정 조절 능력에 직접적인 영향을 미친다고 한다. 엄마가 즐거우면 아이도 안정감을 느끼고, 엄마가 불안하면 아이도 쉽게 불안정해진다. '좋은 엄마'가 되기 위해 자신을 희생하기보다는 엄마가 행복을 유지하는 편이 아이에게도 좋은 영향을 준다. 아이에게 필요한 것은 완벽한 기준을 충족하는 엄마가 아니라, 감정을

 이기적인 엄마가 아이를 잘 키운다

나누고 진심으로 교감할 수 있는 엄마다. 엄마가 편안하고 안정된 상태일수록 아이의 정서 역시 자연스럽게 안정된다. 이제 사회가 만들어놓은 '좋은 엄마'의 기준에서 벗어나, 나만의 방식으로 아이를 키워보자. 좋은 엄마가 되려 애쓰기보다, 행복한 엄마로 살아가는 선택이 결국 아이와 나 모두를 위한 길이 된다.

아이를 위한 삶이 아닌 아이와 함께하는 삶

아이가 태어나면 엄마의 삶은 이전과 완전히 달라진다. 잠자는 시간도, 밥 먹는 시간도, 심지어 생각하는 방식마저도 아이를 중심으로 돌아가기 마련이다. 그러다 보니 자연스럽게 엄마로서 어떻게 살아야 할지 고민하게 되고, 가장 먼저 떠오르는 답은 대개 이렇게 귀결된다.

아이를 위해 살아야 한다.

출산 직후에는 이 말이 전혀 어색하지 않다. 새로 태어난 아이가 마치 세상의 전부처럼 느껴지니 모든 것을 아이에게 맞추는 게 당연해 보인다. 그러나 육아를 하고 시간이 흐를수록 문득 '나는 어디에 있지?'라는 질문이 떠오른다면 그 답을 다시 생각해볼 필요가 있다. 육아라는 건 아이만을 위해 엄마가 모든 걸 희생하는 과정이 아니라 아이와 함께 자라면서 엄마도 성장하는 시간이 되기도 하기 때문이다.

많은 엄마들이 '나는 엄마니까 아이를 위해 모든 것을 포기해도 괜찮아.'라고 스스로를 다독인다. 아이가 잘 자랄 수만 있다면 내 삶을 잠시 멈춰도 된다고 생각하기도 한다. 하지만 이런 희생이 오래 지속되면 엄마 마음속에는 여러 감정이 쌓이기 시작한다. 우선 '내가 아이를 충분히 잘 키우고 있는 걸까?'라는 의심이 들면서 불안이 커지고, 더 잘해줘야 한다는 압박감이 이어진다. 그러다 '내가 예전에 원했던 삶은 어떤 모습이었지?' 하고 잊고 있던 것들을 떠올리게 되면 한없이 소외감이나 상실감을 느끼게 된다. 그렇게 지친 엄마는 점차 자기 자신을 잃어버리고, 결국 아이와의 관계에서도 긍정적인 에너지를 전달하기 어려워진다.

실제로 하버드대학의 한 연구를 보면, 엄마가 정서적으로 안정된 상태일수록 아이의 사회성 발달과 감정 조절 능력에도 긍정적인 영향을 준다고 한다. 엄마가 불안하거나 우울해지면 아이도 무의식적으로 그 기류를 감지해 안정감을 잃을 가능성이 커진다. '아이를 위해서'라는 명목으로 엄마가 온 삶을 희생하면 아이 역시 '엄마가 나 때문에 다 포기했구나'라는 부담을 지게 될 수 있다. 엄마는 아이에게 최고의 교과서다. 아이들은 엄마가 말로 가르치는 것보다 살아가는 모습을 보고 더 많이 배운다. 그런데 엄마가 자기 삶을 포기한 채 아이에게 맞추는 모습만 보여준다면 아이는 자신도 모르게 이런 메시지를 받아들일 수 있다.

“엄마는 나 때문에 모든 걸 포기했어.” → 아이가 죄책감을 느낄 수 있다.
“엄마는 자신을 돌보지 않아도 괜찮은 사람이야.” → 아이 역시 자기감정이나 건강을 소홀히 할 수 있다.
“엄마는 항상 나만을 위해 살아.” → 아이가 지나치게 자기중심적인 태도를 가질 수 있다.

반대로, 엄마가 자기 삶을 존중하고 건강하게 살아간다면 아이도 ‘엄마는 자신의 삶을 즐기면서도 나를 사랑해주고 있구나! 엄마도 꿈과 목표를 이뤄가고 있네.’ 같은 긍정적인 메시지를 자연스럽게 배운다. 그러다 보면 아이 또한 자기 인생을 주체적으로, 즐겁게 개척하는 태도를 익힐 가능성이 높아진다.

그렇다면 엄마가 아이와 조화를 이루며 살아가기 위해서는 어떤 노력들이 필요할까? 단순히 희생하지 말라는 말로는 충분하지 않다. 엄마와 아이가 서로 시너지를 내도록 구체적인 행동으로 연결해야 한다는 점이 중요하다.

아이와 '함께' 살아가는 삶을 위해 도움이 되는 실천들

1. 엄마 자신의 삶을 포기하지 않기

육아가 본격적으로 시작되어도, 그 이전부터 좋아하던 것들을 완전히 끊지 않는 것이 좋다. 아이가 잠든 사이 잠깐이라도 음악을 듣거나, 10분 정도 가벼운 운동을 하며 '나만의 시간'을 확보해본다. 처음에는 이게 무슨 의미가 있을까 싶지만, 그 시간들이 점차 쌓이면 엄마 스스로 살아 있음을 느끼게 된다.

2. '아이를 위해'가 아닌 '아이와 함께' 선택하기

어떤 일을 할 때마다 '이건 아이를 위해서'라고 생각하기보다는 '이건 어떻게 아이와 함께 해볼 수 있을까?'라고 상상해보면 좋다. 예를 들어 요리를 할 때, 아이가 조금 큰 편이라면 재료를 만져보거나 간단한 과정을 옆에서 도와줄 수 있게 해준다. 그러면 엄마도 요리를 혼자 하는 데서 오는 고단함이 줄고, 아이역시 작은 성취감을 느끼며 즐거워할 것이다.

3. 엄마의 행복을 아이와 공유하기

엄마가 웃고, 재미있어하는 모습을 아이에게 보여주는 건 사소해 보여도 큰 힘이 있다. "엄마는 지금 이걸 해서 너무 좋고 즐거워."라고 솔직히 말해주면, 아이는 엄마에게서 행복하게 사는 방법을 배운다. 엄마가 즐거워 보이면, 아이도 그런 활력을 닮아갈 것이다.

4. '엄마'가 아니라 '나'로서 대화하기
아이와 말할 때, "엄마는 지금 피곤해." 대신 "나 지금 피곤해."
라고 표현해보자. 이런 표현을 통해 아이는 엄마가 하나의 인
격체라고 느끼게 된다. 그러면 아이도 엄마가 감정을 가진 사
람이라는 사실을 인식하고, 자연스럽게 상대방 감정을 존중하
는 법을 배울 수 있다.

5. 엄마도 성장하는 모습을 보여주기
"엄마도 새로운 공부를 시작했어. 처음엔 잘 못했는데 지금은
점점 나아지고 있어." 같은 이야기를 아이에게 들려주면, 아이
는 엄마도 계속 발전하고 변화하는 존재라는 걸 알게 된다. 아
이도 '내가 못하거나 처음이어서 서툴러도, 연습하면 좋아질
수 있구나!' 하는 인식을 갖게 된다.

육아는 엄마가 모든 것을 내려놓는 '희생'의 과정이 아니다. 아
이가 한 걸음씩 성장하듯, 엄마도 자기 삶의 정체성을 잃지 않고
함께 성장해야 한다. 결국 아이에게 진정으로 도움이 되려면, 엄
마가 스스로를 돌보며 엄마 자신으로서의 삶을 포기하지 않는 태
도를 유지해야 한다.

 이기적인 엄마가 아이를 잘 키운다

‘아이를 위해서’ 대신 ‘아이와 함께하기 위해서’라고 생각해보자. 그 작은 인식 차이가 엄마와 아이 모두를 더 건강하고 행복한 길로 이끌어줄 것이다. 육아는 ‘아이를 위한 삶’이 아니라 ‘아이와 함께 살아가는 삶’이다. 엄마가 자신의 삶을 온전히 살아갈 때, 아이도 엄마를 통해 더 많은 긍정과 안정감을 배울 수 있다.

그러니 지금부터 ‘엄마로서의 나’뿐 아니라 ‘개인으로서의 나’도 놓치지 않기를 바란다. 이 과정을 통해 엄마와 아이가 서로 의지하면서도, 각자 자리에서 빛나는 여유롭고 건강한 가정이 완성될 것이라 믿는다.

기대를 버려야
기대 이상으로 자란다

결혼은 서로 다른 두 사람이 하나가 되어가는 과정이라고들 한다. 부부 사이에서 서로에 대한 기대와 실망으로 얼굴 붉히는 경우가 더러 생긴다. 나 또한 그런 경험이 있다. 나는 사람들과 대화하는 것을 좋아한다. 이야기 나누는 것과 그 시간 자체를 즐긴다. 반면 우리 남편은 말을 하는 쪽보다는 듣는 쪽에 가까운 사람이다. 함께 생활하다가 서로의 의견 충돌로 이야기를 나눌 때 가끔 남편에게 실망하고 상처받는 나를 발견할 때가 있었다. 기대가 없으면 실망도 없다는데 내가 남편에게 기대한 것이 있었던 것이다.

나는 남편이 내 이야기에 바로 맞장구쳐주고, 때로는 나의 질문에 빠르게 답을 해주길 바랐다. 그게 안 되니까 어느 순간부터 '어? 이 사람이 회피하는 건가? 나랑 얘기하기 싫은가?'라는 생각

   이기적인 엄마가 아이를 잘 키운다

이 들어서 오해했었다. 그런데 시간이 지나고 보니 남편은 그저 빠르게 말하는 것이 익숙하지 않았을 뿐이었다. 특히 나와 어떤 문제 상황에 대해 말할 때 남편은 주로 들어주는 쪽이다 보니 생각하는 시간이 길어진 것이다. 남편 입장에서는 듣고 있는 건데 내가 보기에는 말을 안 하는 사람으로 보여 오해하게 된 것이다. 자신만의 속도로 나에게 집중하고 있었는데 그걸 내가 몰라줬다. 내가 어떤 말을 하든 불편해하지 않고 가만히 들어주는 남편이 있기에 제가 이런저런 이야기를 할 수 있는 것이라는 사실을 깨달았다. 서로의 다름을 받아들이고 인정한 이후로 의견을 나누고 문제를 해결하는 과정이 한결 매끄러워졌다.

아이들을 대할 때도 다름이 없다. 아이들에게 기대하는 마음은 내가 물을 주지 않아도 쑥쑥 커져간다. 그러다 실망하고 그 실망한 마음으로 아이들을 대하면 좋은 육아를 할 수가 없다. 기대치가 없으면 만족감이 높아진다. 아이를 무시하라는 말이 아니라 그냥 아이를 있는 그대로 바라봐주는 마음이 필요하다는 말이다. 아이가 커가는 모든 과정에서 기대하고 실망하고 또 기대하고 실망하느라 지치는 일은 애초에 시작하지 말아야 한다.

엄마는 아이가 태어나는 순간부터 아이에게 기대한다. 아프지 않고 자라기를 바라고, 잘 먹고 잘 자고 쑥쑥 커주기를 바란다. 일어나 걷기 시작하면 다치지 않기를 바라고, 좀 더 크면 한글도 숫자도 빠르게 익혔으면 하고 바란다. 자주 아프면 아파서 실망하고, 잘 먹지 않으면 걱정되는 마음이 실망감으로 변한다. 모든 것은 마음먹기에 달려 있다는 말이 있듯이 엄마의 마음 상태에 따라 육아는 어려워지기도 하고 쉬워지기도 한다.

"넌 지금 몇 살인데 아직도 이러니?"
"너, 언제까지 이럴 거야?"
"학교 들어갔는데 이렇게 해서 어떡할래?"

육아하는 동안 엄마의 생각들이 아이에 대한 실망감을 불러일으키는 경우가 허다하다. 그럴 때 아이에게 실망감을 드러내기보다는 불편에 적응하는 방법을 함께 찾아 선택해보면 좋겠다. 스펙보다는 창의력이 중요해지는 세상을 살아갈 아이들을 키우는 엄마들이 분명하게 기억해야 할 것이 있다. 바로, 어른의 기준으로 아이의 삶을 재단하지 않는 것이다. 아이의 소소한 재능이나 적성 하나도 무시하지 않는 태도가 필요하다. 자유로운 환경이 곧 창의적인 환경이라는 것을 기억해야 한다. 어떤 부분에서는 자녀 교육의 정석이 아닌 것 같아서 우리 아이만 이래도 되나 싶어 머뭇거리게 되기도 할 것이다.

그러나 육아에는 정답은 없기에 자신과 아이의 가치관에 맞는 길을 찾으면 된다. 그럼에도 불안하거나 확신이 서지 않는다면 박혜란 여성학자의 저서 『모든 아이는 특별하다』 『믿는 만큼 자라는 아이들』을 한번 읽어보기를 추천한다. 나는 이 책들에 담긴 내용

   이기적인 엄마가 아이를 잘 키운다

들에서 공감한 부분이 많았다. 내가 가지고 있던 생각과 가고자 하는 방향이 틀리지 않았다는 사실을 확인받는 기분이 들기도 해서 그랬다.

누군가는 박혜란의 책을 읽고 나서 가족이 모두 서울대 출신이라면 유전적인 부분도 무시할 수 없다고 생각할지 모른다. 하지만 나는 무엇보다 그녀가 가진 인생에 대한 마음가짐과 내공의 단단함이 멋진 어른이라 느꼈다. 박혜란은 자녀들이 어릴 때는 전업주부로 살았다고 한다. 그러다 첫째와 막내가 각각 중학교와 초등학교에 입학했을 때는 그녀도 대학원에 진학하여 학업에 매진하는 모습을 보여주었다고 했다. 아이들이 어느 정도 자란 후에는 적절한 거리를 두고 그들을 믿어주면서도 자신만의 인생을 개척해나간 것이 그녀의 교육법이자 비결이었던 것은 아닐까 싶다. 또한 이 책들에서 중요시하는 자율성, 공감 능력, 사고력, 젠더력을 키우는 일 하나씩 배워나가면 도움이 될 것이다.

아이가 스스로 생각하고 행동할 때까지 안아주고, 믿어주고, 기다려주는 것, 그리고 엄마 스스로가 성장하는 모습을 보여주는 것이 자라나는 아이에게 가장 좋은 교육이 될 것이다. 때로는 무덤덤하게 키우는 것이 나을지도 모른다. 어차피 일어날 일은 일어난다는 생각으로 대하면 육아하는 내내 어떤 것도 두렵지 않을 것이다. 박혜란 여성학자의 경우처럼 그녀가 명문대 출신이라서 아이들 모두가 명문대를 들어간 것이 아니라는 것을 기억했으면 한다. 유전적으로 우월함을 지녔기에 가능했다고 생각하지 않았으면 한다. 중요한 것은 아이들이 편하게 자랄 수 있는 환경에서 아이의 자율성을 침해하지 않고 아이를 온전히 믿어주며 사랑을 듬뿍 표현해주는 것이다.

'103세 철학자'라 불리는 연세대 철학과 김형석 명예교수는 중앙일보 인터뷰에서 자녀 교육의 핵심에 대해 이야기했다.

자식이 어릴 때는 보호하고 지켜줘야 한다. 유치원 다닐 때부터 사춘기까지는 스승과 제자처럼 손잡고 나란히 같이 걷는 것이다. 성인이 되면 달라진다. 아이를 앞세우고 부모가 뒤에 간다. 그때는 부모가 이렇게 말해야 한다. "나는 이렇게 생각하는데, 더 좋은 것이 있다면 네가 선택해서 해라."

김형석 교수는 진정한 사랑은 상대방의 자유를 소중히 여기는 것이라고 거듭 강조했다. 엄마들은 아이를 키울 때 통제와 자유, 그 사이에서 어떻게 균형점을 찾아야 할지를 늘 고민하기 마련이다. 그런 고민에 대해서 김형석 교수는 자녀 교육의 핵심 키워드가 '자유'라고 이야기했다. 아이를 사랑한다면 아이의 자유를 소중하게 여기고 아이에게 선택권을 주어야 한다고 덧붙였다. 아이가 스스로 결정하고 선택할 자유를 주라고 말이다. 어쩌면 아이의 자유를 소중히 여기지 않는 엄마, 부모는 진짜 사랑을 모르는 것

  이기적인 엄마가 아이를 잘 키운다

이 아닐까.

엄마들이 아이 스스로에게 선택을 맡기고 결정할 수 있도록 자유를 주는 일은 그리 많지 않을 것이다. 특히 영유아 시기엔 더더욱 그럴 수밖에 없다. 어쩌면 당연한 일인지도 모른다. 그러나 그 시기가 지나 아이 스스로 해야 하는 순간이 왔음에도 늘 그렇게 해왔듯이 엄마가 아이의 선택과 결정까지 독식하는 오류를 범하는 일이 생기는 것이 문제다. 엄마의 목표와 기대치를 설정하고 아이에게 그것을 향해 가도록 안내하는 일은 없어야 한다. 엄마 자신의 꿈을 아이가 이뤄주기를 기대하지 말라.

육아의 최종 목적지는 아이의 독립이다. 육아는 아이가 부모에게서 건강하게 독립해 스스로의 힘으로 살아갈 수 있게 돕는 과정이 되어야 한다. 삶의 의미마저 앗아가는 학업의 부담과 압박감 속에서 힘겨워하는 아이로 자라도록 만들지 않아야 한다. 어릴 때 한글 하나 숫자 하나만 익혀도 칭찬받던 아이들에게 어느 순간 선행학습을 유도하고, 강조하는 엄마가 되어서는 안 된다. 우리가 살고 있는 현실이 그렇다, 어쩔 수 없는 일이다 하며 합리화해서도 안 된다. 아이가 필요하다 느껴 스스로 행동하는 것이라면 모를까 엄마가 나서서 그 길이 맞는 것이라 알려주는 것은 피해야 한다 생각한다.

아이가 엄마를 위해 자신이 무언가를 해내고 있다고 느끼게 만드는 양육은 바람직하지 않다. 만약 아이가 그런 생각을 하고 있다면, 엄마는 그것이 아니라는 점을 분명히 짚어줄 수 있어야 한다. 시간이 흘러 아이가 지금까지의 노력이 엄마를 위한 자기희생이었다고 여기며 그에 대한 대가를 요구하게 된다면, 아이와 엄마 모두가 힘들어질 수밖에 없다. 실제로 학업 성취를 빌미로 엄마와 거래하듯 관계를 맺는 경우는 우리 주변에서도 어렵지 않게 찾아볼 수 있다. 아이가 이 모든 건 엄마 아빠 때문에 한 일이지, 내가 원한 삶은 아니었다고 말한다면 부모는 그 말에 반박하기가 어렵다. 그렇다고 기본적인 책임이나 노력을 요구하지 말고 아이를 내버려두라는 뜻은 아니다. 다만 누구나 힘들고 하기 싫은 일이 있을 수 있다는 사실을 인정하되, 그것을 부모를 위한 희생으로 여기게 만들지 않는 태도가 필요하다.

"엄마도 알고 있어."

"힘들고 하기 싫은 거라도 혹시 이게 너의 삶에 필요할 것 같다 생각되는 거라면 한번 해보자."

엄마가 원하는 대로 아이에게 강요하기보다 이렇게 말해줄 수 있는 엄마가 되는 편이 아이에게도 엄마 자신에게도 더 좋은 선택일 것이다. 자기이해지능(intrapersonal intelligence), 즉 아이 스스로 자신을 이해하는 능력이 높아질 수 있도록 도와주는 것이다. 아이가 언제 불편함을 느끼는지, 무엇을 싫어하고 어떤 자극에 힘들어하는지를 스스로 알아차리고 대비할 수 있도록 엄마가 곁에서 도와주면 충분하다. 아이의 관심을 따라가다 보면 많은 것이 자연스

　　　　　　　　　이기적인 엄마가 아이를 잘 키운다

럽게 드러난다. 아이를 지나치게 걱정하기보다 궁금해하며 곁을
지켜주는 엄마가 되어주길 바란다.

우리만의 속도로 달리면
실패하지 않는다

20대 때 직장 생활을 할 시절 마라톤 동호회에 들어가 난생처음으로 5킬로미터라는 거리를 달린 적이 있다. 학창 시절 운동회에서 달리기를 했던 것이 유일했던 나는 그 당시 5킬로미터를 뛴다는 것이 어떤 느낌인지 상상도 안 됐었다. 지금 생각해보면 무모한 행동이었을 만큼 아무런 준비 없이 그냥 뛰었지만 35분 정도 남짓 지난 후 결승점을 통과했었다. 뛰고 걷기를 반복한 결과였지만 포기하지 않고 결승점을 통과했다는 것에 스스로 뿌듯해하며 기분 좋은 성취감을 느꼈었던 기억이 난다. 그날 이후 10킬로미터를 뛰어볼까 하는 생각이 들었고, 2년이 넘는 시간 동안 나의 취미는 달리기였다.

이렇게 될 수 있었던 이유는 무엇이었을까? 그 당시 내 기록에 대해서, 내가 뛰고 걸었던 과정에 대해서 지적하거나 "5킬로미터는 이 속도에 이 정도 기록은 되어야 하니까 이걸 목표로 해봐!"라는 식으로 말하는 사람들이 없었기 때문이라 생각한다. 대신 "처음이라 힘들었을 텐데 포기하지 않고 끝까지 해낸 게 정말 대단해. 그 과정이 재미있었다면 계속 달릴수록 더 즐거워질 거야."라고 말해주는 사람들이 있었기에 더 큰 에너지를 얻을 수 있었다. 만약 내가 누군가의 속도와 비교하고, 앞서 뛰어가는 사람들을 바라보며 그들의 속도를 맞추려고 무리해서 오버페이스로 뛰었다면 어땠을까? 달리기를 어려운 운동이라고 여기고 포기했을 것이다.

2017년에 발표된 한 연구 결과에 따르면, 어떤 상황에서든 남들의 속도와 비교하지 않고 자신만의 속도로 나갔을 때 개인의 성취감 증가, 집중력 상승, 실수와 실패 감소, 자신감 상승, 성공적인 결과 도출이 되었다고 한다. 연구 내용 중에는 부모가 다른 아이들과 자신의 아이를 비교해서는 안 되는 가장 큰 이유가 그 아이의 자존감과 성취감이 저하될 가능성이 높기 때문이라고 말한다. 아이는 부모의 비판적인 시선을 느끼고 비교당할 때 불안감을 느끼기 때문이다. 부모가 나서서 아이가 자신보다 더 우수한 다른 아이를 모델로 삼도록 유도하는 일이 벌어질 수도 있다. 이러한 행동은 아이의 성취를 높이기보다는 아이의 부정적인 감정과 스트레스를 유발하는 결과로 나타날 수도 있다고 지적한다.

엄마들은 아이의 성장과 발전에 더욱 관심을 두고 집중해야 한다. 또한, 자신의 아이와 다른 아이를 비교하지 않고, 자신만의 기준에 따라 아이를 평가하고 격려하는 것이 아이의 자존감과 성취감을 높일 수 있는 방법이라는 것도 기억하면 좋겠다.

아이가 커가는 것을 지켜보면 과거에 내가 처음 달렸을 때와 비슷한 감정을 느낄 때가 있다. 아이를 낳아 키우는 동안 엄마인 나의 마음에 동요가 너무도 많이 일어난다. 보고 싶지 않고 듣고 싶지 않아도 보고 듣는 많은 이야기를 통해서 내 아이를 다른 아이와 자꾸만 비교하게 된다. 엄마들에게는 너무 흔한 일이다. 아이가 자라는 과정에서 저마다의 속도는 다를 수밖에 없다는 것을 머리로는 알지만 그 사실을 마음으로 받아들이는 것은 별개이기 때문에 그렇다.

아이를 잘 키우고 싶은 엄마의 마음이 괜한 걱정을 일으켜 스스로의 마음을 무겁게 만들고 머릿속을 어지럽힌다. 이런 행동이 엄마의 스트레스를 높이고 결국 아이의 성장과 발전에도 방해가 될 수 있다는 것을 알아야 한다. 다른 집, 다른 아이에게 켜놓은 나의 관심 스위치가 있다면 그 스위치부터 꺼라. 내 아이만을 바라보고 아이와 우리 가족만의 속도에 집중하는 게 무엇보다 중요하다. 그게 가능해질 때 육아의 과정에서 일어나는 급발진과 급정거 사고를 예방할 수 있다.

‘아는 것이 힘이다’라는 말은 육아에서만큼은 약보다는 독이 되는 말이 아닐까 싶다. 육아에서는 아는 만큼 불안감이 커질 수 있기에 그렇다. 엄마가 아는 게 많아질수록 더 힘들어지고 불안해하는 모습을 자주 보게 된다. 육아를 배우거나 경험해본 적 없는 엄마들이 여기저기에서 정보를 습득하고 공부하는 것이 무조건 나쁘다는 말은 아니다. 다만 그 정보에 사로잡힌 육아를 하는 것을 우려해서 하는 말이다.

오은영 박사는 부모들을 대상으로 한 강연에서 엄마들이 육아할 때 명제에 사로잡혀서 ‘이 나이가 되면 이걸 해야 해.’ 이렇게 생각하는 건 위험한 생각이라고 주장했다. 덧붙여 요즘 부모들이 영유아 발달 검진표를 표본으로 삼고 거기에 사로잡혀서 아이를 붙잡고 가르치려고 하는 것을 지적했다. 월령별 발달을 알려주는 수많은 채널이 넘쳐난다. 그러다 보니 명제에 사로잡혀 혼란을 겪는 부모 또한 상당수 존재한다. 기준표는 말 그대로 기준일 뿐 거기에 못 미치거나 조금 느리다고 해서 무조건 잘못되었다고 볼 수는 없다. 그 기준을 세워놓은 본질적 이유가 무엇인지를 알아야 한다. 육아하면서 엄마가 불안하지 않으려면 그 개념을 잘 이해할 필요가 있다. 우리는 살면서 ‘평균’에 너무 많은 무게를 싣고 살아간다. 평균 이상, 평균 이하의 잣대에 나와 아이들을 너무 끼워 맞추려 애쓰지 않았으면 한다. 후회라는 건 비교가 있을 때 생기는데 특히나 우리나라 사람들은 비교에 익숙하다. 다른 아이, 다른 집과의 비교는 멈추고 내 아이와 우리 가족, 내 삶에 집중해보자.

남이 아닌 나를 중심으로, 밖이 아닌 나의 내면을 들여다보는 것이 얼마나 중요한가를 생각해봐야 한다. BTS의 리더 RM은 한 방송에서 가수 활동을 하는 동안 다른 유능한 가수들에 비해 자신이 그들보다 더 잘할 수 있을 거라는 생각이 들지 않았다고 말했다. 그런데도 자신의 것을 남들에게 보여주고 싶은 마음이 왜 드는지에 집중했고, 자신만의 '모서리'가 있을 거라는 믿음이 있었다는 것을 알게 되었다고 이야기 했다. 그런 믿음 덕분에 세계적으로 유명한 가수들과 자신의 앨범이 동시에 나와도 이제는 스스로를 지킬 수 있을 것 같다고 했다.

우리는 살면서 끊임없이 다른 사람들과 자신을 비교한다. 항상 자신보다 위에 있는 사람들을 바라보고 부러워하고 질투하며 불행하다고 느끼기도 한다. 이런 현상을 심리학에서는 '상향 비교(Upward comparison)'라고 말한다. 나보다 더 나은 사람과 비교하는 것은 열정을 일으켜 주기도 하지만 그것을 이루지 못했을 땐 불행하다 느껴 힘들어지기도 한다. 비교로 자신의 마음에 상처를 주는 역효과를 내서는 안 된다. 나와 우리 아이만의 '모서리'가 있을 거라는 믿음을 가지고 아이와 엄마 자신에게 집중해보았으면 한다. 우리만의 속도로 달리면 실패하지 않는다는 것을 기억하자.

워킹맘 vs. 전업맘

결혼과 동시에 일을 그만두고 전업주부의 삶이 시작되었다. 서른 후반의 늦은 결혼에 아이를 빨리 갖고 싶은 마음에서 한 결정이기도 했다. 그 선택에 후회는 없다. 아이를 낳고 키워보니 일하며 아이를 키우는 워킹맘과 가정과 아이 육아에 전념하는 전업맘은 각각 다른 역할과 책임을 가지고 있다. 워킹맘은 일을 하면서 아이의 양육도 일정 부분 맡는다. 반면, 전업맘은 주로 가정에서 아이들을 돌보면서 가정의 일을 처리하는 역할을 해낸다.

워킹맘과 전업맘 중 어느 역할이 더 중요하다고 할 수는 없다. 가족의 상황과 필요에 따라 다르게 선택한 것뿐이다. 워킹맘은 직업적으로 발전할 기회와 경험을 쌓을 수 있고, 가족의 경제적 안정을 유지하는 데 보탬이 된다. 전업맘은 아이들의 건강한 성장과 발달에 집중할 수 있고, 가정에서의 안정적인 분위기를 유지할 수 있다. 워킹맘과 전업맘 모두 가족과 사회에 필요한 역할을 수행하고 있다. 어떤 선택이든 자신의 선택이 가장 중요하며, 그 역할에 필요한 것들을 충실히 수행할 수 있도록 노력하면 된다.

엄마는 그냥 엄마이지 워킹맘, 전업맘이 무슨 상관이 있을까 싶다. 엄마에는 종류가 없다. 분류가 없다는 의미다. 간혹 엄마들은 착한 엄마, 좋은 엄마가 따로 있다고 생각한다. 그렇게 되려고 애를 쓴다. 엄마라서 당연한 것은 존재하지 않는다고 이야기했던 것과 마찬가지로 무의식에 학습된 결과로 볼 수밖에 없다.

모든 엄마는 아이를 사랑한다. 다만 환경과 상황, 그리고 사랑을 표현하는 방식이 다를 뿐이다. 워킹맘과 전업맘 역시 어느 한쪽이 더 옳거나 부족한 존재가 아니다. 아이를 키우는 데서 행복을 느껴 전업맘을 선택했다면 그 선택을 위축될 이유가 없고, 일과 육아를 함께 해내는 삶이 행복하다면 워킹맘으로서의 길을 걸으면 된다.

박혜란 여성학자는 한 방송에서, 일하는 엄마가 자신의 삶에 성실히 임하는 모습 자체가 아이에게 전해지는 메시지가 분명히 있다고 말한 바 있다. 이는 워킹맘에게만 해당되는 이야기가 아니다. 전업맘 역시 사회 활동을 하지 않는다는 이유로 자신의 역할을 축소할 필요는 없다. 아이와 가정에 집중하는 삶에서 진정한 만족과 행복을 느낀다면, 그 선택 또한 충분히 존중받아야 한다.

  이기적인 엄마가 아이를 잘 키운다

일과 육아를 병행하는 것이 행복한 사람은 워킹맘의 삶을 살면 되고, 아이를 키우는 데 온전히 집중하는 것이 더 맞는 사람은 전업맘으로 살아가면 된다. 중요한 것은 선택의 형태가 아니라, 그 선택 안에서 스스로 납득하고 행복을 느끼는가이다. 인생에 정답이 없듯, 육아에도 정답은 없다. 워킹맘이든 전업맘이든 각자의 삶의 방식은 다를 수 있지만, 아이를 향한 고민과 엄마로서의 정체성을 찾아가는 과정은 크게 다르지 않다.

한국여성인권진흥원에서 실시한 '일과 가사 부담에 대한 인식 조사'에 따르면 70퍼센트의 이상의 여성이 부담을 느끼고 있다고 응답했으며, 일과 가사 중 가사의 부담이 더 크다고 응답한 사람의 비율이 더 높았다. 양육에 대한 인식 조사에서는 약 90퍼센트의 여성이 자녀 양육에 대한 책임감을 느끼고 있는 것으로 조사되었다. 자녀 양육이 가족의 책임이라고 생각하는 비율이 높았으며, 시간 부족과 스트레스를 느낀다고 말했다. 한국 여성과학기술인육성재단(WIST)에서 '여성과학기술인의 일·가정 양립 가능한 일자리 운영 방안 연구'를 실시했을 때도 비슷한 결과가 나타났다.

2021년에 실시한 한 조사에서는 워킹맘들은 자녀 양육에 대한 불안감을 느끼고 있으며, 대부분의 엄마들은 일과 가정의 균형을 맞추는 데 어려움을 느끼고 있는 것으로 나타났다. 자녀 양육과 관련해 가장 어려운 점은 시간 부족이며, 일과 가정의 균형을 유지하기 어려운 상황에서 아이들과 함께 시간을 보내는 것이 현실적으로 어렵다는 것이다. 대부분이 자녀 양육에 대한 만족도가 높은 편이지만 일과 가정의 균형이 유지되지 않는다는 응답이 높았던 것으로 나타났다. 또한 전업맘들 중 43.7퍼센트가 '경제적으로 힘든 상황이 아니라면 경제활동을 하지 않는 것이 옳다'라고 응답했으며, 56.3퍼센트는 '자녀 양육과 가정 운영을 위해서는 일과 가정의 균형을 맞추는 것이 중요하다'라고 응답했다. 위 연구 자료들을 통해 전업맘들 또한 자신들이 경제활동을 하지 않는 것에 대한 태도와 인식이 다양하게 나타난다는 것을 알 수 있다.

2019년도 한국여성정책연구원에서 발표한 '여성의 경제활동 참여 실태와 정책 제언' 보고서에서는 전업맘들의 경제활동 참여에 대한 인식과 태도를 조사한 결과를 발표하였다. 전업맘들 중 69.6퍼센트는 '자녀 양육과 가정을 운영하는 것이 중요한 일이며 경제활동은 나중에 해도 된다'고 생각하는 것으로 나온다. 전업맘들 중 52.2퍼센트는 '자녀 양육과 가정 운영을 위해 경제활동을 하지 않는 것은 나쁜 일이 아니며 자신의 선택이다'라고 응답했다. 전업맘 중 74.7퍼센트는 '자녀 양육과 가정 운영을 위한 노동에 대해 일정한 보상을 받는 것이 필요하다'라고 생각한다. 따라서 전업맘들 대부분은 경제활동을 하지 않는 자신의 상태와 아이를 양육하는 데 있어서 중요한 역할을 하고 있다는 인식을 가지고 있는 것을 알 수 있다. 또한, 자녀 양육과 가정 운영을 위한 노동에 대

     이기적인 엄마가 아이를 잘 키운다

한 보상이 필요하다는 요구도 보고서에서 나타났다.

　워킹맘인지 전업맘인지 하는 도토리 키 재기는 아무런 의미가 없다. 엄마는 그냥 엄마일 뿐 엄마에는 종류가 있을 수 없다. 어느 쪽이든 스스로 선택한 방식에 대한 자신감을 갖고 각자가 가진 강점을 발휘할 수 있는 방법을 실천하는 것에 집중하는 것이 가장 현명한 육아 방법일 것이다.

전업주부가 아닌
가족의 CEO

결혼과 동시에 전업주부가 되고서 첫아이를 출산하기 전까지 6개월 정도 자유로웠다. 그 후 아이가 태어난 뒤 엄마라는 새로운 이름표를 달고 살았다. 출퇴근을 정해놓고 다니는 직장 생활을 하지는 않았지만 내 일을 하고 싶은 갈증을 해소하고자 여러 가지 일들을 육아와 병행하기도 했다. 그럼에도 남들에게는 그저 아이를 키우는 전업주부의 모습뿐이었을 거라 생각한다.

그러다 문득 내가 단순 전업주부가 아니라는 생각이 들었다. 그 당시 나의 삶을 직장인에 빗대어본다면 신입사원의 업무부터 회사 대표자가 해야 할 업무까지 혼자 다 해치우는 모양새였다. 이제 막 시작한 1인 기업가가 있다면 내 모습과 같지 않을까 생각했다. 많은 부분에서 서툴렀고 경험하지 못한 것들이었기에 혼자 너무도 바쁜 나날에 연속이었다. 말이 좋아 1인 기업가이지 함께 할 직원이 시급하지만 생존형 CEO이기에 직원들 월급 줄 만큼 경제적 여유가 없어서 혼자 모든 일을 처리할 수밖에 없는 모습이었을 것이다.

이게 다 무슨 소리인가 하겠지만 말 그대로다. '엄마'야말로 멀티 플레이를 요하는 1인 기업가인 셈이다. 임신기간 10개월, 출산 후 육아 전선에 뛰어드는 순간부터 모든 것을 책임지고 진두지휘하는 것은 말 그대로 하나의 회사를 운영하고 끌어가는 CEO와 다를 바가 없었다. 기업 CEO는 먹고 자고 쉬고 일하는 동안 일어나는 모든 행위를 본인 의지와 계획대로 움직인다. 하지만 엄마라는 자리에 앉아 있는 수많은 여성은 아기에게 맞추어 돌아가는 시간 속에 자신을 끼워 맞춰 살아가며, 그 시간이 언제까지 지속되는 것인지 정해져 있지 않다는 게 더욱 안타까운 지점이다.

'경단녀', '육아맘'. 경력이 단절되어 육아를 전담하는 주부를 가리키는 대표적인 표현이라는 사실은 누구나 알고 있다. 하지만 나는 육아맘이 결코 경단녀가 아니라고 생각한다. 육아를 전담하는 엄마는 경력이 멈춘 사람이 아니라, 가족의 CEO로서 하루를 운영하고 책임지는 존재이기 때문이다. 주부들의 가사 노동과 육아를 실질적인 연봉으로 계산해보면 1억 원은 넘는다는 이야기도 괜히 나오는 게 아닐 테니까. 그 어떤 일을 하는 직장인들보다 다양한 일을 처리하고 해내는 사람이 바로 육아맘이다. 육아보다 일하러 나가는 게 더 쉽다고 말하는 엄마들이 괜히 생겨난 게 아니다. 그럼에도 불구하고 어째서 우리는 스스로를 낮추고 별 볼 일 없는 존재로 만들어 남들까지도 그것을 당연시하도록 방관하고 있었던 것인지 물음표가 쌓인다.

육아: 어린아이를 기름

표준국어대사전에 나오는 '육아'의 정의다. 이에 엄마를 뜻하는 '맘'을 결합해 만들어진 용어가 바로 '육아맘'이다. 이런 용어 하나로 나의 존재적 가치를 정의해버리는 것이 합당한 것인지 모르겠다. 혹시 자신의 자존감을 스스로 갉아먹고 있다면 털어버리고 지금부터 자신을 "우리 가족의 CEO ○○○입니다."라고 당당하게 소개해보기를 바란다.

'가정'이라는 회사에는 수많은 업무가 존재하고, 그에 맞는 역할과 계획, 실행이 끊임없이 이어진다. 연간 계획부터 분기·월·주·일 단위의 일정까지, 하나부터 열까지 챙길 일이 넘쳐나는 회사에 엄마들은 매일 출근하고 있다. 이런 일을 해내는 엄마들은 어떤 연봉을 받아도 아깝지 않은 인재들이다.

물론 모두가 신사임당이나 한석봉 어머니처럼 완벽할 수는 없다. 하지만 그에 못지않은 노력으로 하루하루를 살아내는 엄마들이 많다. 각자의 스타일과 환경, 가치관에 따라 고민의 지점은 다르며, 큰 어려움 없이 잘 해내는 '엄마 CEO'들도 있을 것이다.

이 글은 그런 이들이 아니라, 예전의 나처럼 헤매고 서툴고 자주 주춤거리며 힘들어하는 엄마들에게 건네고 싶다. 혼자서는 무엇부터 어떻게 해야 할지 몰라 하루하루를 흘려보내고 있다면, 잠시 멈춰 돌아보길 바란다. 긴 터널을 지나와 본 사람으로서, 앞으로 그 길을 걷게 될 이들에게 미리 건네는 작은 예방주사 같은 글이 되었으면 한다.

자신의 명함을 잊지 말자. 반복되는 육아 업무라 할지라도 하루 계획과 목표, 업무일지를 적어보길 권한다. 쓰고 안 쓰고의 차이는 분명하다. 하나의 습관으로 자리 잡는 순간, 또 다른 변화를 만나게 될 것이라 말해주고 싶다.

엄마는 이미 N잡러이자 슈퍼히어로다.

N잡러의 원조는 육아맘이다. 엄마이자 아내, 딸, 며느리라는 네 가지 역할을 상황에 맞게 해낸다. 감정 노동은 기본이고, 각종 행사와 일정 관리, 끝없는 가사 노동까지 자연스럽게 떠안는다. 아이가 성장할수록 아이의 성향과 일정에 맞춰 맡아야 할 역할은 더 늘어난다. 그런 의미에서 육아맘은 결코 단순히 '전업주부'라는 말로 정의될 수 없다.

엄마들은 바쁘게 움직이며 하루를 살아내는 자신을 스스로 응원하고 돌볼 필요가 있다. 아이의 교육과 성장을 위해 애쓰는 만큼, 엄마 자신이 성장하는 일에도 진심으로 투자했으면 한다.

내 안에 살고 있는
어린아이를 만나자

"만약 당신의 사진이 만족스럽지 않다면, 충분히 가까이 가지
않았기 때문이다."

- 종군 사진기자, 로버트 카파(Robert Capa)

스스로의 인생이 만족스럽지 않다면, 자신의 인생에 충분히 가
까이 가지 않았기 때문이라고 생각해봐야 할 것이다. 전쟁 사진의
전설이라 불리는 종군 사진기자 로버트 카파의 말처럼 말이다. 만
족스러운 사진을 찍기 위해서는 아무리 위험한 상황이라도, 무서
운 대상이어도 두려움과 상관없이 최대한 가까이 다가가야 한다.
삶도 마찬가지다. 부끄럽고 외면하고 싶은 모습까지 포함해, 자신
의 내면을 정면으로 바라볼 용기가 있을 때 비로소 만족에 가까워

질 수 있다. 내 안에 꽁꽁 숨겨두고 꺼내보지 않았던 여러 얼굴을 천천히 들여다보는 시간이 필요하다. 그 과정은 분명 불편하고 어색할 것이다. 그러나 흩어진 나의 조각들을 하나씩 마주하고 맞춰나갈 때, 비로소 온전한 내가 완성된다. 그렇게 자신의 삶에 충분히 가까이 다가갔을 때, 지금보다 더 만족스러운 삶을 살아갈 수 있을 것이다.

아이를 키우면서 가장 고민이 많이 되는 부분이 바로 감정이다. 엄마가 되고서 처음 겪는 많은 것이 때로는 혼란스럽기도 하다. 개인적으로는 책임감이 커질수록 설렘보다 두려움이 앞서는 복잡한 감정들을 경험했다.

어린 시절 부모에게 상처받고 자란 사람이 부모가 된 경우에 자신의 부모와 비교해 스스로는 이만하면 괜찮은 편이라 생각할 수도 있다. 스스로 실수했을 때 '우리 부모님은 지금 내가 해주는 것보다도 못해줬었는데 난 그에 비하면 괜찮은 엄마야.'라고 합리화하는 것이다. 부모로부터 받은 상처가 여전히 아물지 않은 채 남아있다면, 나를 들여다보고 치유해주어야 한다. 부모나 주변 사람들이 던진 말과 행동에 상처받고 움츠러든 아이를 보듬어주어야 한다. 자신의 마음도 챙기면서 아이의 마음까지 돌봐줄 수 있는 여유를 가져야 한다.

행복한 어린 시절을 보낸 하버드생 56명 중 우울증을 앓는 이는 4명밖에 없었다고 한다. 80세가 되어 아프고 불행하다고 느끼는 사람도 4명뿐이었다. 하지만 불행한 유년기를 보냈다고 하는 이들은 사고나 병으로 죽음에 이를 확률이 세 배 높게 나타났다.

어렸을 적 일들을 세세히 다 기억할 수 있는 사람은 많지 않을 것이다. 그러나 그 시절에 느꼈던 사랑받는다는 느낌은 오랫동안 마음속에 남아, 시간이 흐른 뒤에도 삶을 지탱하는 힘이 되곤 한다. 그래서 엄마의 역할은 아이에게 모든 순간을 완벽하게 채워주는 데 있기보다, 아이가 스스로 '나는 사랑받고 있다'고 느낄 수 있는 기억을 차곡차곡 쌓아주는 데 있다. 그 과정에서 특별한 무언가를 해주지 않아도 괜찮다. 따뜻한 시선으로 바라봐주는 것, 힘이 되는 말을 자주 건네는 것, 아이뿐 아니라 스스로에게도 긍정적인 언어를 사용하는 것만으로도 충분하다. 아이는 엄마의 말과 태도를 통해 자신을 바라보는 기준을 배우기 때문이다.

그리고 이 이야기는 아이에게만 해당되는 것이 아니다. 우리 안에도 여전히 어릴 적의 나, 충분히 보호받지 못했고 쉽게 죄책감을 느끼던 아이가 남아 있다. 그 아이에게 이제는 괜찮다고, 너의 잘못이 아니었다고 말해주는 시간이 필요하다. 내 안에서 여전히 자라고 있는 또 다른 나를 다그치기보다, 편안히 놓아주는 것. 그것이 아이를 키우는 일과 동시에 나 자신을 돌보는 일이 될 수 있다.

나는 내성적인 성격이어서 학창 시절에도 조용히 학교생활을 했다. 한 학년을 마칠 때면 정말 가깝게 지내는 친구가 둘, 셋 정도밖에 되지 않았다. 나머지 반 친구들에게 나의 존재를 묻는다면 그런 아이가 있었는지 기억이나 할까 싶을 정도였다.

자라는 동안 줄곧 느껴온 감정적 결핍이 항상 있었다. 그러나 그 결핍을 드러내고 해결하기에는 어린 나이였다. 결핍이 있다는 것이 자기관리와 성장에 있어 긍정적인 역할을 할 수 있다고 느끼는 이유도 여기에 있다. 자라면서 느낀 감정적 결핍, 그로 인해 받은 영향들이 어떤 것들이 있는지 이미 잘 알고 있다. 그래서 성인이 되고서부터 부지런히 그 결핍을 해결하고 채워 넣으려고 스스로 애썼던 시간이 있었고, 성장했다고 믿는다. 나 한 사람을 챙기면 될 때는 생각한 대로 잘 해냈다고 스스로 평가한다. 하지만 엄마가 되고서부터 조금씩 고민이 시작되는 것을 느꼈다. 내 아이에게서 나의 어린 시절의 모습과 비슷한 모습을 보게 될 때면, 이유 모를 감정에 울컥하는 나의 마음을 보게 된 것이다. 그 순간 나는 나의 부모님이 되고, 나의 아이는 내가 되어 있다. 내가 마음 안에서 조용히 살고 있던 작은 아이가 있다는 것을 알게 된 것이다.

아동가족심리 전문 교수님의 추천으로 비벌리 엔절(Beverl Engel)의 저서 『좋은 부모의 시작은 자기 치유다』를 읽고 매료되었다. 여전히 가까이에 두고 읽는 책 중 한 권이다. 분노와 정서적 학대, 여성, 인간관계 문제에서 세계적인 권위를 인정받는 전문

 이기적인 엄마가 아이를 잘 키운다

심리 치료사인 그녀의 책 속에 담긴 내용들 덕분에 많은 부분에서 스스로의 숙제를 해결할 수 있었다. 정서적 학대, 그 상처와 대물림에서 벗어나기 위한 자기 치유 심리학은 여전히 나의 관심을 끌었다. 엄마의 심리 상태와 습관, 말투 등이 아이에게 전달된다.

내가 엄마들을 위한 '육아 뷰티 언어 챌린지'를 기획하고 진행을 했던 이유도 이 부분에 대한 중요성을 더 많이 알리고 싶다는 생각에서였다. 엄마가 아이에게 해줄 수 있는 최고의 일은 거창한 것이 아니다. 마음속에 담긴 상처 없이, 마음이 건강한 엄마가 되어주는 것이면 충분하다. 좋은 엄마가 되려고 굳이 애쓰지 않아도 된다. 좋은 엄마가 되려고 노력하기보다 그냥 스스로 행복한 엄마가 되면 그만인데 사람들이 그걸 잘 모른다. 행복한 엄마가 곧 좋은 엄마다.

스스로를 돌보는 일, 의식적인 자기 인식을 하고자 노력하는 것 모두가 어쩌면 내 안에 살고 있는 작은 아이를 위한 행동일지 모른다. 어릴 때 누군가에 의해 키워지던 시간 동안 내가 받았을 상처 나 겪었던 어려움들이 켜켜이 쌓였을 수 있다. 내가 그 해묵은 것들을 하나씩 털어내고 덜어주는 것이 필요하다. 무엇인가 대단한 가학적인 일을 겪은 것만 해당되는 것이 아니다. 우리는 살면서 크고 작은 상처와 어려움에 노출되기 마련이다. 거기로부터 보호되고, 치유되어야만 건강하게 마음도 감정도 챙길 수 있기에 그렇다. 어른이라고 힘들지 않고, 어렵지 않은 것이 아니다. 수용하고 인정해주는 마음을 스스로에게 보여주어야 한다는 것을 기억할 필요가 있다. 나를 제대로 관리하고 들여다보고 자기 치유가 가능해야 한다. 아이와 건강하고 깊이 있는 관계를 형성하는 것에도 도움이 된다. 왜곡된 감정 전달을 없애고, 제대로 된 소통과 교감을 할 수 있게 된다.

나는 어릴 때부터 목소리에 대해 너무도 많은 말들을 들었기에 스스로 그것을 콤플렉스로 못 박아버렸었다. 전화 통화를 하거나 사람들과 이야기를 나눌 때 상당한 신경을 쓰게 된다. 어느 순간 든 생각에 어쩌면 내 목소리를 가장 불편해하는 사람은 내가 아닐까 하는 생각이 들었다.

'콤플렉스를 버리자! 목소리를 바꿀 생각이 없다면 더 이상 스트레스를 받지 말자.'

생각하고 더 이상 의식하지 않았다. 간혹 목소리에 대해 이야기를 하는 사람이 있어도 대수롭지 않게 여기니 그리 길게 집중되지 않고 지나가는 것을 느꼈다. 스스로 타격감을 전혀 느끼지 않으니 정말로 별일 아닌 것처럼 느껴졌다. 이처럼 인정하고 수용하고 지나가주는 것이 필요하다.

갈수록 사람들로 하여금 마음이 힘들어 어려움을 겪는 사례들을 많이 접하게 된다. 세상을 살기 편하게 변화되어가는데 왜 마음이 고장 나는 사람들은 점점 늘어만 가는 것인지 아이러니하다. 누구도 해주지 못하는 것이 자기 치유다. 아이를 위해서 온 마음

   이기적인 엄마가 아이를 잘 키운다

을 다하고 있는 엄마들도 가장 먼저 점검해보아야 할 것은 자기 마음이다. 살면서 나 자신을 온전히 안다고 말하기도 어려운데, 타인을 제대로 이해하고 수용하는 것이 과연 가능할까. 많은 경우 우리는 타인을 이해해서라기보다, 나를 잠시 접어두고 받아주는 '척'하는 태도를 취하며 관계를 이어가고 있는지도 모른다.

모든 것에 '왜?'라는 질문을 던지고 호기심을 가져보자고 말했다. 가장 먼저 나에게 질문을 시작해봤으면 한다. 환경에 따라, 상황에 따라, 사람에 따라 달라지는 나의 모습과 행동이 왜 그렇게 나타나는지 차분히 살펴보는 것이다. 아프면 아픈 대로, 행복하면 행복한 대로 나의 마음에 고요히 숨죽이고 있는 어린아이에게 관심과 애정을 표현해줄 수 있는 사람이 되어보자.

매일 꾸준히,
30일의 기적

지금 누군가가 당신에게 가장 좋아하는 게 뭐냐고 물어본다면 망설이지 않고 대답할 수 있어야 한다. 더 나아가 "내가 가장 잘하는 한 가지는 무엇인가?"라는 질문에도 스스로 답할 준비가 되어 있으면 좋다. 이 두 질문에 선뜻 대답하지 못하고 오래 고민하게 된다면, 지금 삶에서 '나 자신'이 차지하는 지분이 거의 제로에 가깝다고 봐야 한다.

의외로 많은 엄마들이 "나는 좋아하는 게 없어요. 특별히 잘하는 게 없어요."라고 말한다. 사실 아이를 키우다 보면, 그렇지 않던 엄마도 점차 자신이 사라지는 것처럼 느끼게 된다. 마치 내가 운전하던 차의 뒷좌석에 태웠던 아이가 어느새 운전석에 앉고, 정작 나는 보조석에 타서 끌려다니는 삶이 되는 것과 같다. 이것은 더 이상 '내 삶'을 살아가는 모습이 아니다. 끌려다니는 삶을 계속 이어가면 뇌는 점점 생각하고 판단하는 일을 게을리한다. 그러다 보면 사고 능력이 단순화되고 굳어져서, 숨은 쉬지만 살아 있는 듯 살아 있지 못한 상태가 되고 만다. 스스로 "어쩔 수 없어. 나는 안 돼."라며 포기해버리면 아무도 그를 구해줄 수 없다. 그리고 그런 상태에 머무른 채 아이에게 희망을 걸어봤자다. 엄마가 자기 삶을 포기하고 오직 아이에게만 매달려 달려가는 모습은 출발점부터 잘못된 선택일 수 있다.

엄마들은 육아하며 수도 없이 많은 계획을 세운다. 그러나 대부분 '엄마 자신'을 위한 것이 아니라 '아이'를 위한 계획들로 가득 차 있다. 하루를 살아도 '나'로 살아야 진정한 행복을 느낄 수 있고, 그 행복이 또 다른 행복을 불러와 점점 커지는 중에 자녀와 가정이 함께 자라게 되는 게 이상적인 그림이 아닐까. 그런데 '나는 얼마든지 고생해도 괜찮지만 우리 아이는 고생시키고 싶지 않아.' 하는 마음으로 엄마가 무조건 희생하여 아이에게 일방적으로 행복을 안겨주는 일이 과연 아이에게 좋을까? 곰곰이 생각해볼 필요가 있다. 엄마가 흘린 피땀눈물만으로 아이가 얻은 행복은 어쩌면 아이에게 '나는 엄마의 빚을 지고 있구나….'라는 감정적 부담으로 남을 수도 있기 때문이다. 숨만 쉬어도 빚이 생긴다는 요즘 시대, 감정의 빚까지 보태어주는 일은 없어야 하지 않을까.

좋아하는 것이 단 하나도 없다고 말하는 사람은 거의 없을 것이다. 엄마들과 천천히 이야기해보면 과거에 좋아했던 일이나 취미가 하나쯤은 꼭 있다. 지금 당장 특별히 남보다 잘할 게 없다 해도, 오래전부터 좋아하고 꾸준히 해왔던 일이 무엇인지 떠올려보자. 거창할 필요도 없다. 그것을 딱 30일만 꾸준히 실천해보면 삶이 순환하며 에너지가 새롭게 생기는 경험을 하게 될 것이다.

나에게는 그것이 글쓰기와 독서였다. 갓난아기를 키우며 모든 게 처음 겪는 일투성이라 정신이 아득할 때, 답답함을 털어내고 싶어 SNS에 사진과 함께 짧은 글을 올리기 시작했다. 아이와 눈 맞추며 하루 종일 의성의태어를 남발하다 보면 내 사고도 단순해지고 뇌가 굳어가는 느낌이 들어 다시 책을 들여다봤었다. 그러다 보니 어느새 더 진지하게 육아 공부를 하고, 블로그를 운영하며 정보를 공유하는 데까지 자연스럽게 이어졌다. 그 과정이 쌓여 오늘의 내가 된 것이다.

물론 실천하기가 쉽지 않다. 무엇이든 꾸준히 해내는 힘은 큰 장점인데, 사실 그 장점을 가진 사람이 그렇게 많지가 않다. 그렇다면 어떤 시스템을 활용하는 것도 하나의 방법이다. 자신이 혼자서 무언가를 꾸준히 실천하는 게 어려운 사람이라고 생각한다면 어떤 커뮤니티에 들어가거나 챌린지 형식으로 운영되는 프로그램에 참여해도 좋다. 혼자선 작심삼일로 끝나버릴 일을 이런 시스템을 활용해 강제로라도 한 달간 실천해보는 것이다. 작심삼일이 열 번 쌓이면 한 달이다. 그동안 성취감을 조금씩 맛보면 그 자체가

 이기적인 엄마가 아이를 잘 키운다

점점 강력한 동력이 되어 습관이 잡힐 것이다. '나는 끈기가 없어서 못 할 거야!'라고 미리 선을 긋고 시작도 하지 않는 것보다 이러한 시스템을 활용해서라도 도전하고 실천하는 것이 필요하다.

우리는 아이가 태어나고 목 가누기부터 뒤집기, 앉기, 서기, 걷기까지 하나하나 과정을 지켜보며 아이가 노력하고 성장한다고 생각한다. 엄마도 마찬가지다. 그런 노력의 시간이 필요하고, 그 과정을 지나야 '어제와는 다른 나'를 만나는 게 가능하지 않을까. 당연히 처음은 낯설고 어렵지만, 그 과정을 통과하지 않고서는 어떤 변화나 성장도 기대할 수 없다.

단 1초도 어제와 똑같이 흘러가는 시간은 없다. 게다가 우리가 '똑같은 일상'이라 부르는 시간도 사실 한순간도 똑같았던 적은 없다. 내가 의미를 부여하지 않아서 무의미하게 흘려보낸 것일 뿐, 시간은 늘 변화 속에서 흘러가고 있다. 그러니 딱 30일만이라도 나에게 집중해 한 가지를 도전하고 실천해본다면, 한 달 후에는 지금과 완전히 달라진 나를 만나게 될 가능성이 크다. 예를 들어 하루 30분씩 걷기를 한 달 동안 했다고 치자. 그 뒤에는 분명 몸이 가벼워지고, 마음에도 에너지가 차오름을 느낄 수 있을 것이다. 핸드폰을 들여다보며 흘려보낸 시간을, 길을 고요히 걸으며 보내면 그 사소한 변화가 쌓여 큰 원동력이 되고 에너지를 만들어준다.

'30일 실천'에 대한 과학적 근거들도 있다. 심리학자 필리파 렐리(Phillippa Lally) 박사는 2009년에 습관 형성에는 평균 66일이 걸린다는 연구를 발표했는데 그중 첫 30일이 가장 중요한 적응 기간이라고 강조했다. 미국의 성형외과 의사 맥스웰 말츠(Maxwell Maltz)의 '21일 법칙'도 마찬가지로 21일이 지나야 익숙해지기 시작한다는 걸 말하고, 그보다 여유 있는 30일이면 더욱 확실하게 습관이 자리를 잡는다는 주장이 가능하다. 뇌의 신경가소성(Neuroplasticity) 측면에서도 최소 3~4주가 지나야 새로운 행동이 뇌의 신경망에 자리 잡기 시작한다. 30일은 여러 연구나 사례에서 모두 '짧지 않지만 해볼 만한 기간'으로 통한다. 그 한 달간 내 삶에 변화를 심어놓는다면 한 달 뒤 만나게 될 내 모습은 훨씬 에너지가 넘치고 눈빛도 달라져 있을지 모른다. 스스로에게 이런 기회를 만들어주자.

더 이상 "나는 좋아하는 게 없어요. 나는 특별히 잘하는 게 없어요."라는 말로 선을 그어버리지 않길 바란다. 내가 재미있게 해왔던 일이나 조금이라도 잘할 수 있는 무언가가 분명히 있을 것이다. 그걸 30일만 실천해본다면 나도 모르는 사이 생각과 삶의 패턴이 바뀔 수 있다.

엄마도 아기처럼 한 걸음씩 성장하며, 어제와 다른 내가 되는 변화를 스스로 만들어낼 수 있다. 30일이 길게 느껴진다면 짧게 쪼개어 작은 도전부터 시작해보자. 작심삼일이 열 번이면 30일이 되고, 그렇게 뇌에서는 새로운 습관을 받아들이기 시작하게 될 것이다. 새로운 습관을 만드는 그 기간이 '진정한 나'를 찾아가는 첫걸음이 될 수 있다. 내가 바뀌면 아이에게도 또 다른 에너지를 전해줄 수 있다. 어쩌면 아이도 '엄마가 뭔가 해내고 있어!'라는 희망을 느끼게 될 것이다. 지금 당장 시작해보자. 30일 후 만날 '새로운 나'가 벌써부터 기대되지 않는가? 스스로 변화되면 어떤 일이 벌어지는지 직접 경험하는 기회를 꼭 만들어서 성취해보기 바란다.

육퇴는 존재하지 않는다

엄마에게 '육퇴'라는 용어는 친숙하다. 나 또한 자주 썼던 말이다. 육퇴란 '육아 퇴근'의 줄임말, 즉 아이가 잠들면 육아에서 한숨 놓게 되는 그 순간을 퇴근에 비유한 것이다. 그런데 엄마에게 육아란 출근도 퇴근도 없는, 그저 일상 그 자체다. 아이를 낳고 기르며 살아가는 삶의 일부인 것이다.

'엄마'라는 역할은 하나의 직업이 아니다. 엄마에게는 사실상 '출근'도 '퇴근'도 따로 존재하지 않는다. 언제나 아이와 함께하는 일상이 이어지고, 아이가 깨어 있든 잠들었든 엄마의 하루는 계속된다.

그럼에도 불구하고 우리가 '육퇴'라는 말을 사용하는 건, 스스로에게 '이제 잠시 쉴 시간'이라는 신호를 주기 때문이다. 직장인에게 퇴근 시간은 정말 소중하다. 출근과 동시에 퇴근만 기다리는 마음은 직장 생활을 해본 사람이라면 공감할 것이다. 그만큼 의미가 크다.

아침에 출근해서 퇴근이 가까워질수록 기대에 부푸는 마음, 그리고 막상 일이 생겨 야근이 결정되면 느끼는 좌절감. 이런 감정들은 이해된다. 하지만 이걸 육아에 그대로 적용하면, 엄마에게는 더 큰 괴로움이 찾아온다. 예를 들어, 아이를 무사히 재우고 육퇴 후에 나만의 시간을 즐길 준비를 했는데, 갑자기 아이가 다시 깨어 울거나 보채면 어떨까? 직장인이 퇴근 10분 전 상사에게 업무 지시를 받고 오늘 안에 자료를 달라는 말을 들었을 때 느끼는 짜증보다 훨씬 큰 감정이 엄마를 덮쳐온다. 그 감정은 결코 아이를 사랑하지 않아서 느껴지는 감정이 아니다. 드디어 내 시간이 오나 했는데 기대가 무너질 때 오는 실망감이 엄마 마음을 한 번에 무너뜨리는 것이다.

아이가 잠들고 난 후 혼자서 보고 싶은 드라마나 영화를 보거나, 맥주 한 캔을 마시며 하루를 마무리하는 소소한 행복을 기대하는 마음. 그것이 바로 '육퇴'를 기다리며 사는 엄마들의 솔직한 속마음일 것이다. 그런데 그게 어긋나면 하루 종일 꾹꾹 누르고 참았던 감정이 한꺼번에 솟구치곤 한다. 마음속에 내 시간을 빼앗겼다는 생각이 올라오면 짜증이 터지는 것도 당연하다.

그래서 오히려 '육퇴'라는 개념 자체를 머릿속에서 지워보는 게 정신건강에는 더 낫다고 말하고 싶다. 나 역시 애들만 빨리 자면 내 시간을 가질 수 있다는 마음으로 하루를 버티곤 했던 시절이 있었다. 물론 지금도 가끔은 그렇다. 책을 쓰거나, 미뤄둔 집안일을 처리하거나, 아니면 단지 멍하니 휴식을 취하는 시간이 절실했기 때문이다. 그런 날에는 아이들이 잠드는 모습을 확인하고 안도의 한숨을 내쉬었다. 하지만 아이들이 생각만큼 일찍 잠들지 않거나, 잠들었다가도 한밤중에 깨어 울어버리면 몸에 힘이 쭉 풀리는 느낌이 들었었다.

그런데 원래 밤에는 잠을 자야 한다. 아이가 잠들 때 함께 자면 훨씬 체력을 회복하기가 수월하다. 굳이 늦은 밤까지 시간을 붙잡고 다른 일을 하거나 즐거움을 찾으려 애쓰다 결국 수면 부족에 시달리게 된다. 물론 그렇다고 해서 엄마도 일찍 자야 한다는 말이 모든 상황에 적용될 순 없다. 현실적으로 아이를 돌보느라 낮에는 전혀 개인 시간을 낼 수 없으니, 밤이라도 잠깐 나만의 시간을 갖고 싶어지는 마음은 너무나 당연하다.

하지만 우리 마음속에서 '육퇴'라는 단어를 덜어내야 할 필요성을 느낀다. 직장인이라면 근무시간이 정해져 있어서 '퇴근'이 분명히 존재하지만, 엄마의 삶은 출근도, 퇴근도, 야근 수당도, 명확한 점심시간도 없는 일상 그 자체다. 이런 삶의 구조를 회사 업무와 똑같이 비교하는 것 자체가 엄마를 더 힘들게 할 뿐이다. 엄마인 나의 평안을 위해서라도 '육퇴는 나의 구원'이라는 절대적인 인식을 버려보자. 육아가 힘든 건 맞지만, 그것을 '퇴근'과 대비시키면 엄마는 늘 초조해진다. '아, 오늘도 퇴근이 늦어지는군!' 하며 스트레스를 받을 수밖에 없고, 그 기대가 깨지면 두 배로 화가 나버린다. 육아는 엄마에게 일이 아니라 매일의 삶이고 과정이다. 그 안에서 아이와 함께 지내면서도 틈틈이 '엄마 혼자만의 시간'을 조금씩 만들어내는 발상의 전환이 필요하다.

나는 스스로에게 '이제부터 밤에는 일찍 자야지.'라고 다짐한 뒤, 육퇴라는 말 자체를 거의 쓰지 않게 되었다. 물론 여전히 아이들이 일찍 잠들면 좋겠다고 생각한다. 그 시간을 활용할 수 있으니까. 하지만 꼭 그래야만 한다는 집착을 내려놓으니, 아이들이 평소보다 책을 더 많이 읽어달라고 떼쓰며 잠드는 시간이 늦어져도 크게 화가 치밀지 않는다. 오히려 일찍 잠들면 '오, 오늘은 운이 좋네?' 정도로 가볍게 생각하게 되니 오히려 기분이 좋다. 이런 태도 변화는 작은 차이 같아 보일 수 있겠지만 나의 일상 전반을 크게 바꿨다. 무엇보다 나의 감정 기복이 덜해졌고, 아이에게도 "왜 아직 안 자니!" 하고 소리 지르거나 으르렁대는 일이 없어졌다. 밤에 아이가 갑자기 "엄마, 나 물 마실래."라고 하면, "쓰읍~ 그냥 자."라고 말했다면 이젠 "그래. 얼른 마시고 오자."라고 조금 여유롭게 대처하게 된다.

'육퇴'라는 말을 지우는 것은 엄마가 더 이상 휴식을 포기하겠다는 뜻이 전혀 아니다. 오히려 마음을 열어놓고, 하루 24시간 중

언제든 상황이 조금이라도 여유로워지면 내 휴식을 끼워 넣을 수 있는 선택지를 만들자는 의미다. 그게 결국 엄마로서의 삶을 훨씬 건강하고 즐겁게 만들어줄 것이다.

육아는 언제나 예측 불가능하다. 아이가 잘 자란다고 해서 매번 한결같이 행동하지도 않고, 그러니 엄마에게 정해진 퇴근 시간이 주어지지도 않는다. 그렇다면 차라리 '오늘은 몇 시까지 내 자유시간을 꼭 가져야지!'라는 부담을 내려놓고, 그때그때 상황에 맞춰 마음을 다스리는 편이 훨씬 나을 것이다. 그리고 그 결과, 생각했던 만큼 휴식을 누리지 못하게 되더라도 '어쩔 수 없지. 또 다른 방법을 찾아보자.'라고 쿨하게 넘길 수 있게 된다.

엄마가 스스로를 돌보는 방법은 밤에만 존재하지 않는다. 낮에 짬을 내서 가족이나 주변에 도움을 요청할 수도 있고, 아이를 한두 시간 정도 누군가에게 맡길 수 있는 환경이 된다면 그동안 마음 편히 외출하거나 취미 활동을 할 수도 있다. '엄마 혼자만의 시간'을 확보하는 여러 방식이 있을 테니 꼭 밤에 '육퇴'가 이루어져야만 나는 쉴 수 있다는 생각을 조금씩 바꿔봤으면 한다.

육아가 힘든 건 너무 당연하지만, 그 안에서 행복을 찾아가는 방법도 분명히 있다. 내 시간과 휴식을 위해 아이가 잠들 때마다 애타게 '퇴근'을 바라지 말고, 그 순간까지도 아이와의 일상을 조금 더 자연스럽게 받아들이면 어떨까. 기대하는 '퇴근' 시간이 사라질 때 느끼는 좌절감도 훨씬 덜해질 것이다. 이미 엄마라는 자리는 직업이 아니라, 삶 그 자체니까 말이다. 엄마로 산다는 것은 일상의 리듬을 늘 편안하게 유지하기 어렵다는 뜻이기도 하다. 그렇다고 우리 스스로를 매번 소진시킬 필요는 없다. '육퇴'를 지나치게 고대하는 마음을 살짝 내려놓는 것만으로도 육아가 조금은 가벼워질 것이고 마음속에도 평온이 깃들 것이라고 믿는다.

아이는 결국
엄마의 품을 떠난다

아이가 성장해서 언젠가 엄마의 손을 조금씩 떠나 자립할 수 있게 되었을 때, 그 순간 엄마가 공허함이나 외로움을 느끼지 않으려면 어떻게 해야 할까?

일단 가장 먼저 필요한 건 '엄마인 나 자신이 소중한 존재'라는 사실을 잊지 않는 마음가짐이다. 아침에 눈을 딱 뜨는 순간 가장 먼저 스스로에게 '나는 참 소중한 사람'이라고 말해줄 수 있는 사람이 되어야 한다. 이 말 한마디가 자기존중감과 자기효능감을 높여준다. 육아란 하루하루 정신없고 지치기 쉬운 만큼, 이 두 가지는 엄마들에게 필수다.

아침에 눈을 떴을 때 엄마의 머릿속에는 하루의 계획이 빠르게 스쳐지나간다. 하지만 이내 '생각은 무슨 생각이야. 아, 너무 피곤해. 더 자고 싶어. 잠이 제일 간절해.' 같은 생각이 끼어든다. 아이와 함께 자는 엄마의 경우엔 아이가 어릴수록 잠에 들고 잠에서 깨는 것조차도 엄마의 의지대로 할 수 없다. 아이가 먼저 일어나는 경우엔 알람 시계가 필요 없을 정도다. 엄마의 눈꺼풀을 뒤집으려 애쓰고 머리카락을 잡아당기고 배 위로 올라타고 아주 난리도 아니다. 물론 아이들은 엄마를 괴롭힐 마음으로 그러는 건 아니다. 다 애정 표현이다. 그러나 가끔은 보고만 있어도 좋은 금쪽 같은 내 새끼가 엄마의 화를 부르는 존재가 되기도 하는 게 육아 현실이다. 너무 사랑스럽고 예쁘지만 키우느라 힘들어서 불쑥 화가 나는 일도 허다하게 생긴다.

육아를 하다 보면 자연스럽게 아이가 좋아하는 것에 집중하게 된다. 엄마로서 해야 할 역할과 일들을 해내다 보면 하루의 상당 부분을 그런 데 쓰게 된다. 그러니 집안 환경도 온통 아이 기준으로 맞춰질 수밖에 없다. 아무리 깔끔하게 정리해도 금세 아수라장이 되고, 아이 물품들이 집안 곳곳을 차지해버린다.

사람들 사이에서 미니멀라이프가 화제가 되어 정리에 대한 관심이 크게 높아졌다. 깔끔하게 정돈된 집은 누구에게나 기분 좋은 공간일 수밖에 없다. 그러나 아이가 있는 집이라면 그저 '꿈 같은 얘기'로 느껴질 수 있다. 아무리 미니멀을 지향해도 아이 물건들이 계속 늘어나는 걸 막기가 쉽지 않기 때문이다. 분명 집안 곳곳에 장난감이나 용품이 자리 잡고 있어 누가 봐도 아이가 사는 집이라는 사실이 한눈에 드러난다. 심지어 공간의 원래 역할이 무엇이었는지 잊힌 채 뒤죽박죽이 되기도 한다. 결혼 초반에 꿈꾸던 부부만의 인테리어나, 각자 로망이 담긴 공간을 마련하던 시기는 언제였나 싶을 정도로 임신과 출산을 거치면서 집안의 모든 것이 아이 위주로 바뀌게 된다.

육아에 몰입할수록 아이 물건의 비중이 커지고, 부부는 자칫 불편을 감수하더라도 아이가 조금이라도 더 편히 지내길 바라게 된다. 한편으로 엄마들은 그런 육아 용품들로 공간을 채워놓으면 뿌듯함을 느끼기도 한다. 하지만 이 모든 흐름 속에서 엄마 자신의 취향이나 휴식을 위한 공간은 점점 희미해질 때가 많다. 아이 취향에 맞는 물건을 채우는 것도 좋지만 그와 동시에 엄마 자신에게도 쉴 틈과 공간이 필요하다는 점을 인식해야 한다. 치열한 육아 속에서 엄마가 잠시 숨을 고를 공간이 없다면 시간이 흘러 엄마가 느낄 피로와 공허함은 훨씬 심해질 수 있다.

요즘은 서비스직이나 고객센터에서 일하는 분들의 감정노동 문제를 진지하게 다루면서, 이들을 보호하기 위한 제도적 장치가 많이 생겨났다. 그런데 육아야말로 감정노동의 최전선이라고 해도 과언이 아니라는 생각이 든다. 언어가 통하지 않는 아이와 지내며 의성어와 의태어를 남발하고, 아이 감정 기복에 일일이 맞춰주다 보면 엄마 스스로 감정을 다스릴 틈이 별로 없기 때문이다. 이런 일상은 아이가 어느 정도 대화가 가능해지기 전까지 몇 년이고 이어진다. 그렇게 감정노동을 묵묵히 해내는 엄마들의 마음을 정리하거나 보호해주는 별다른 장치가 없는 게 현실이다. 육아가 대부분 엄마 혼자 감당해야 하는 구조라면, 엄마가 자기 돌봄을 위한 환경을 직접 마련해야 한다는 결론이 나온다.

대부분 아이가 어릴수록 안전을 위해 집의 가구 배치를 바꾼다. 그다음 장난감과 육아용품을 가득 들여놓는다. 물론 아이가 다칠 위험을 줄여주는 건 꼭 필요한 조치이지만 가정의 구성원이 아이만은 아니라는 걸 잊지 않았으면 한다. 엄마 아빠도 함께 지내는 집인 만큼 엄마의 취향이나 편안함도 존중받아야 한다. 육아 기간이 길어질수록 엄마에게도 일종의 도피처가 필요하다. 엄마도 사람이기에 미치고 팔짝 뛰게 만드는 매운맛 육아를 겪는 순간, 무심코 '아, 이제 정말 때려치우고 도망가고 싶어.' 같은 과격한 생각이 머리를 스쳐 지나갈 때가 있다. 아이를 상대로 1인 시위를 하고 싶을 만큼 육아가 고된 순간들이 찾아온다. 그만큼 육아가 고되고 '내가 아이를 키우면서 이런 감정까지 느껴도 되나?' 싶은 죄책감으로 고통스러울 때가 있다.

이때 소박하더라도 엄마가 좋아하는 소품을 놓고, 감정을 기록하거나 조용히 차 한 잔을 마실 수 있는 공간만 있다면 충분하다. 그곳에서 하루 10분이라도 내 마음을 들여다보면서 '나는 여전히 나로서 존재한다'는 안정감을 느낄 수 있다. 만약 그런 마음들을 털어낼 공간이 전혀 없다면 엄마는 쌓이는 스트레스가 감당 불가능할 정도로 커질 수밖에 없다. 엄마가 집에서 편안히 쉴 공간을 제대로 확보하지 못하면 정리해야 할 물건들과 아이 돌봄만 눈에 들어와 답답함이 더 커진다. 이미 결혼과 출산까지 나의 선택으로 왔다면, 내 삶이 행복하든 불행하든 이제부터 어떻게 살아갈지는 나의 선택에 달려 있다.

시간이 흘러 아이가 청소년이 되고 성인이 되면 엄마에게 생길 수 있는 가장 흔한 감정이 '공허함'이다. 그동안은 아이를 위해 열심히 달려왔는데, 정작 아이가 더 이상 도움을 필요로 하지 않게 되면 엄마는 마치 역할을 잃어버린 것 같은 느낌을 받게 된다. '난 뭘 해야 하지?' 하는 두려움 말이다. 그러니 지금부터 엄마 스스로가 어떻게 성장하고 싶은지, 아이가 없어도 이어가고 싶은 공부나 취미가 뭔지 고민하고 실천한다면, 훗날 그런 허무함에 빠지지는 않을 수 있다.

아이에게만 매달리지 않는 삶을 만드는 방법
1. 미래 목표 설정과 장기 플랜 세우기
아이가 독립할 시기를 가정해서, 그때 나는 어떤 일을 해보고 싶은지 미리 떠올려본다. 예를 들어 '아이 초등학교 입학 후에 다시 일을 시작할까? 관심 있던 분야를 조금씩 공부해볼까?' 같은 질문을 던져본다. 하루나 일주일 단위로 작은 실천 과제를 정해 꾸준히 해나가면, 훗날 갑작스런 공허함 대신 이제부터

이기적인 엄마가 아이를 잘 키운다

본격적으로 해보자는 기대감으로 바꿀 수 있다.

2. 시간 관리와 우선순위 재배치

육아 스케줄이 빡빡해도, 틈새 시간을 찾아 짧게라도 독서나 온라인 강의를 접해보면 좋다. 배우자와 협의해 아이 돌봄을 분담하고, 엄마가 자격증 공부나 취미 활동에 집중할 수 있는 시간을 만들면 의외로 '나도 이 정도는 해낼 수 있네' 하는 자신감을 얻을 수 있다.

3. 자격증 취득 및 무료 교육과정 이수

꼭 거창한 학위를 목표로 하지 않아도 된다. 필요한 자격증을 준비하거나, 온라인 무료교육 등을 활용해 새로운 역량을 기를 수 있다. 이런 과정이 쌓이면 아이가 성장한 뒤에도 엄마 스스로의 삶을 풍요롭게 이어갈 발판이 된다.

4. 심리적 장벽 극복하기

'내가 공부하면 아이가 서운해하진 않을까?' 하는 죄책감이 엄마를 망설이게 만들기도 한다. 하지만 그 시간만큼 아이와 지낼 때 더 집중하면 된다. 그리고 아이가 엄마의 학습 과정을 옆에서 지켜보면, 어른도 끊임없이 배우는 존재라는 긍정적인 인식을 얻게 되니 오히려 좋다.

아이가 엄마의 품을 떠나는 건 자연스러운 인생의 한 과정이
다. 엄마가 단지 아이만 바라보다가 끝날 게 아니라, 내 삶의 일
부를 계속 이어가며 발전시키는 데 시간을 쓴다면, 아이가 성인이
되어 독립하게 되어도 허무함이나 외로움을 덜 느낄 수 있다. 육
아가 한창일 때부터 스스로를 위한 공간을 조성하고, 장기 계획을
세워놓으면 아이가 크고 난 뒤에 엄마는 '이제부터 내가 더 해보
고 싶은 걸 해보는 시간'이라고 생각할 수 있다. 그것이 엄마 스스
로를 자유롭게 만들고, 결국 아이에게도 다양한 가능성을 보여주
는 모습이라 믿는다.

엄마가 오래도록
행복하기 위해

내 인생이 있기에 아이도 가정도 존재한다. 가정이 생기고 아이가 있어서 내 인생이 만들어진 것이 아니라는 것을 인지해야 한다. 애초에 내가 없었다면 지금의 나를 둘러싼 모든 것은 존재할 수 없을 테니까. 주체적인 삶을 살지 않고, 남을 위해 나의 인생을 소비한 사람들의 미래가 행복할까? 물론 행복하다 말할 수 있을지도 모른다. 하지만 내가 빠진 행복이 과연 제대로 완성된 행복한 인생이라고 볼 수 있을지는 잘 모르겠다.

언젠가 라디오에서 자신의 무지했던 어린 시절을 후회하는 사연을 보낸 40대 후반 청취자의 이야기를 들은 적이 있다. 결혼하고 아이를 낳아 키우다 보니 엄마라는 존재에 대해서 이제야 조금 알 것 같다며 짧은 사연을 전했다. 나도 그 청취자와 같은 시대를

산 입장에서 듣는 내내 깊이 공감했다. 사연의 내용은 이랬다. 그녀가 아이들과 친정에서 다 같이 식사를 하던 중 아이들이 친정엄마에게 "할머니, 생선 좋아해?"라고 물었다. 그 순간 친정엄마가 대답할 겨를도 없이 본인이 대화에 끼어들어선 아이들에게 "할머니는 생선 대가리를 제일 좋아하셔."라고 대신 대답을 해버렸다.

"얘, 나도 생선 살 엄청 좋아해. 너희 키울 때 내가 먹고 싶은 거 참아가며 좋은 것만 먹이려고 그랬던 거야."

칠순을 코앞에 둔 친정엄마가 하신 말씀이었다.

"애들아. 할머니도 생선 엄청 좋아해."

아이들에게 재차 이야기하시는 친정엄마를 보며 그녀는 자신이 얼마나 무심한 딸인지 깨달았다. 자신은 먹을 생각조차 하지 않는 생선 대가리를 지금의 자기와 같은 나이였을 때 친정엄마는 뭐가 그리 맛있어서 드셨을까 싶은 생각이 들어 죄송스럽기도 하고 아이들 보기 부끄러울 만큼 자신의 행동이 후회되었다는 사연이었다.

결혼을 해 아이를 낳고 키우고 있을 만큼 훌쩍 커버린 지금도 친정에서 부모님과 식사할 때 생선 살은 여전히 내 차지라 더 공감이 되었다. 여기서 중요한 것은 자식에게 양보할 순 있지만 엄마도 생선 대가리가 아닌 살을 좋아한다는 사실을 알릴 필요가 있다는 것이다.

부모와 자식의 관계에서도 올바른 소통과 공감은 반드시 필요

  이기적인 엄마가 아이를 잘 키운다

하다. 거꾸로 생각해보면 자녀에게 잘못된 정보를 심어준 것은 부모다. 부모가 자신의 의견이나 선호를 제대로 전달하지 않았기에 자식은 보이는 모습만으로 판단하여 결과를 얻은 것이다. 내 아이를 제대로 알아야 잘 키울 수 있듯이 아이들 입장에서 부모를 제대로 아는 것 또한 그만큼 중요한 부분이다. 그러니 부모는 보다 적극적으로 자신의 생각과 의견, 선호 등을 드러내어 자식과의 관계에서 불필요한 오류들을 제거하는 것도 필요하다.

과거 부모님 세대에서 자식들을 위해 자신들의 모든 것을 쏟아내고 난 다음 노년기에 찾아오는 허탈감과 공허함으로 어려움을 경험하시는 것을 많이 보았다. 자녀들이 독립한 시기에 부모들이 느끼는 슬픔을 의미하는 말인 '빈둥지증후군'이라는 심리학적 용어가 있다. 자녀가 독립하여 집을 떠난 뒤 부모나 양육자가 경험하는 슬픔, 외로움과 상실감을 의미하며, 주 양육자인 엄마들에게서 대체로 많이 나타난다. 이 시기 대체로 몸의 호르몬 변화로 찾아오는 문제와 더불어 배우자가 경제활동을 더 이상 할 수 없게 되는 시기와도 맞물려 더 큰 어려움을 겪기도 한다.

이러한 경험을 하고 싶은 사람은 없을 것이다. 열심히 살며 최선을 다해 육아한 후 맞이하는 결말이 이러한 쓸쓸한 엔딩이라면 너무 허무하지 않을까? 변화에 둔감한 삶을 살았던 사람들이라면 이러한 전환점을 맞는 시기에 더욱 취약할 수밖에 없다. 회복탄력성이 저조한 사람들이 그렇지 않은 사람들에 비해 스트레스 지수 또한 더 크게 나타난다. 사회생활이 전무한 전업주부, 육아맘들의 경우 사회생활을 병행한 엄마들에 비해 더 큰 상실감을 맛보기도 한다는 연구 결과도 있다. 삶의 의미와 목적 상실로 인한 우울한 감정을 경험하는 노후를 맞지 않기 위해서라도 보다 적극적이고 주체적 삶을 살아가야 한다.

아이를 기르는 엄마들이 하나같이 자녀들을 번듯하게 키워내고 완전한 독립을 성공시켜 행복한 결말을 맞이하고 싶어 한다. 하지만 엄마들의 바람과는 달리 모두가 이룰 수 있는 꿈은 아니다. 아이가 승승장구하는 모습을 보는 것이 행복의 요소가 되어버린다면 그렇게 되지 못했을 때는 아이와 부모 두 사람 모두의 인생이 불행해지는 결과를 가져다준다. 내가 통제할 수 없는 대상, 즉 아이에게 맞춘 인생을 살기보다는 내가 통제 가능한 존재, 바로 나 자신에게 집중하는 삶을 살기 위해 노력을 해야 한다. 그랬을 때 내 삶이 행복으로 채워질 확률이 더 높아지고 그 행복이 가져다주는 에너지로 가정과 더불어 아이에게도 긍정적인 효과가 전달될 수 있을 것이다.

내 인생에 선물처럼 주어진 시간을 남의 인생 구경하듯 흘려보내지 말자. 아이들은 서서히 부모의 울타리로부터 멀어져 건강한 독립을 해야만 하는 존재들이다. 아이들만을 바라보며 나의 삶을 그 속에 던져놓고 아무 일도 하지 않는다면 분명 10년, 20년 후 빈

 이기적인 엄마가 아이를 잘 키운다

둥지증후군과 맞서 싸우고 있는 자신을 발견하게 될 가능성이 높다. 엄마가 건강하고 단단한 마음으로 자신의 인생을 살아갈 때 비로소 삶의 균형이 잡히고, 그 안정감은 자연스럽게 아이에게도 전해진다. 하지만 그보다 더 중요한 것은, 그 선택이 누구보다 엄마 자신을 지켜준다는 사실이다.

아이가 곁에 있든 없든 흔들리지 않는 삶의 중심을 갖는 것, 그것이 엄마가 오래도록 행복하게 살아가기 위해 꼭 필요한 준비다.

나의 삶을 포기하지
않는다는 것

　나는 아이보다 나 자신을 더 중요하게 생각하는 엄마다. 엄마가 존재해야 아이도 존재할 수 있기에 그렇다. '나'를 지운 희생은 멀리 내다보면 그 누구를 위해서도 좋은 일이 아니다. 자식 농사 짓는 일에 평생을 뼈가 부서져라 자신을 갈아 넣으신 부모님들은 마지막까지도 "자식이 잘되었으니 됐다. 나는 괜찮다."라고 하실 때가 있다. 하지만 그건 자식들에게 부모에 대한 미안함과 마음의 짐만 커지게 만드는 일이 될 수도 있다. 가정의 구성원으로서 각자의 역할에 충실하고 각자의 삶에 진심이어야 한다. 너를 위해 내가 희생하는 것쯤은 괜찮다는 식의 삶이 완전한 행복을을 이루는 길은 아닐 것이다.

　아직은 아이들이 어려서, 지금 한창 중요한 시기니까, 때가 되

　　　　　　　　　　이기적인 엄마가 아이를 잘 키운다

면 그때는 나의 삶을 살아야지…. 이런 생각들로 시간을 보내면 안 된다. 그때는 오지 않는다. 인생에서 중요하지 않은 순간이란 없다. 오늘이 있기에 내일이 있다. 오늘과 내일은 이어진다. 그 하루하루가 쌓여 미래가 만들어진다. 오늘 기분이 나쁘다고 술을 진탕 마신다면 내일은 아침부터 숙취로 괴로운 하루를 맞이할 게 뻔하지 않은가. 오늘, 당장 내게 주어진 지금을 어떻게 사느냐가 앞으로의 미래를 결정짓는다.

아이의 완전한 독립이 육아의 최종 목표이지만 어쩌면 가족으로 묶인 이상 완전한 독립은 없는지도 모른다. 삶이라는 긴 여행을 마치는 순간이 오기 전까지는 부모와 자식이기에 최소한의 관계는 이어질 수 밖에 없다. 아이가 완전한 독립을 이루는 때를 기다리면서 스스로의 인생 시계를 아이의 시간에 맞추지 말자.

스스로를 희생하는 삶을 나서서 응원하는 일은 없었으면 한다. 지치지 않고 어려움 없이 인생을 살기란 불가능하다. 나 혼자의 삶도 벅찬데 귀한 아이들의 삶까지 어려움 없이 잘 살도록 만들어주려는 마음이 들면 더 고단해진다. 하지만 힘들고 어려운 순간이 다가와도 견디고 헤쳐나갈 힘을 키워놓으면 된다. 강한 비바람을 견디고 탐스러운 열매와 예쁜 꽃을 피우려면 뿌리를 튼튼히 해야 가능하다.

엄마는 강하다, 엄마라면 당연히 그래야 한다는 말을 하려는 것이 아니다. 내 삶의 주인공인 나의 행복을 위해서 그래야 한다는 것이다. 아이들에게 엄마 개인의 삶도 가르쳐줄 필요가 있다. 세상에 당연하게 일어나는 일은 없는 법이다. 엄마가 아이를 키우는 것은 자신의 선택으로 이루어진 사회적 역할일 뿐이다. 역할에 충실해야 하는 것은 사실이지만 모든 것에서 스스로의 존재를 배제시키는 일은 없도록 해야 한다. 부족하고 서툴다면 배우면 된다. 힘들고 지칠 땐 쉬어야 한다. 넘치는 사랑은 도리어 부족한 것만 못한 결과를 가지고 오기도 한다. 엄마인 스스로를 키우고 돌보는 일에도 애정을 가지고 살아갔으면 좋겠다.

육아 졸업을 위한 기나긴 터널을 부지런히 걷고 있는 한 사람으로서 같은 길을 걷고 있는 많은 육아 동지들을 생각하며 이 책을 썼다. 보통의 엄마들과 다를 바 없는 한 사람이 리얼 육아 현장에서 고군분투하며 깨닫고 느낀 것들을 담았다. 모두가 알고 있는 뻔한 이야기일지라도 계속해서 듣고 마음에 새겨도 모자람이 없을 이야기라고 생각한다.

육아라는 트랙 위 출발선에 서 있는 사람, 너무 오랫동안 달려서 당장이라도 쓰러질 것 같은 사람, 열심히 달리고는 있는데 나만 뒤처져 있는 것 같아 불안한 사람, 잘 달려가고 있지만 어디를 향해 가야 하는지 헷갈리는 사람들에게 이 책이 조금이나마 위로와 힘이 될 수 있기를 바란다.

  이기적인 엄마가 아이를 잘 키운다

1. 감정조절 못하는 부모가 아이를 아프게 한다 - 이정화

2. 감정조절 안 되는 아이와 이렇게 대화하기 시작했습니다 - 노라 임라우

3. 고마워, 내 아이가 되어줘서 - 조선미 외

4. 그렇게 부모가 된다 - 정승익

5. 긍정의 훈육: 4~7세 편 - 제인 넬슨

6. 기분대로 아이를 키우지 않겠습니다 - 곽윤정

7. 나는 다정한 관찰자가 되기로 했다 - 이은경

8. 나는 오늘도 너에게 화를 냈다 - 최민준

9. 나는 이렇게 세 딸을 하버드에 보냈다 - 심활경

10. 나보다 똑똑하게 키우고 싶어요 - 김붕년

11. 내 아이를 바꾸는 위대한 질문 하브루타 - 민혜영

12. 내 아이를 위한 감정코칭 - 최성애, 조벽, 존 가트맨

13. 내 부모와는 다르게 아이를 키우고 싶은 당신에게 - 박윤미

14. 내성적 아이의 힘 - 이정화

15. 내향육아 - 이연진

16. 놓아주는 엄마 주도하는 아이 - 윌리엄 스틱스러드, 네드 존슨

17. 다시 아이를 키운다면 - 박혜란

18. 데일리 대드 - 라이언 홀리데이

19. 똑게 육아 - 로리(김준희)

20. 만들어진 모성 - 엘리자베트 바댕테르

이기적인 엄마가 아이를 잘 키운다

 이기적인 엄마가 아이를 잘 키운다

이기적인 엄마가 아이를 잘 키운다

초판 1쇄 인쇄 2026년 2월 15일
초판 1쇄 발행 2026년 3월 3일

지은이 김문경
발행인 정수동
편집주간 이남경
책임편집 김유진
디자인 Yozoh Studio Mongsangso

발행처 저녁달
출판등록 2017년 1월 17일 제406-2017-000009호
주소 경기도 파주시 문발로 203, 203호
전화 02-599-0625
팩스 02-6442-4625
이메일 book@mongsangso.com
인스타그램 @eveningmoon_book
유튜브 몽상소

ISBN 979-11-89217-96-9 03590

©김문경 2026